未来の食と環境を守れ

——有機農家からの提案

涌井 義郎

はじめに

子どものころ、世の人の大半は農家だと思っていました。農村に生まれ育って他の社会を知らなかったのです。大人になると、むしろ農家の方が少数派だと知りました。今や農家は、働く人のわずか一・七パーセントに過ぎないきわめてマイナーな存在になってしまいました。必要不可欠な仕事の筆頭にあるはずの食物生産と、農林地という広大な国土を維持管理している農家の存在を、私たちの国はあまりにも軽視しているのではないか。過去三〇年あまり、ずっとそんな疑問と焦燥に駆られてきました。

前世紀の終わりのころ、農林業が生物種の絶滅を促す主要因ではないかという科学者の指摘を知り、これまでの農法を急いで改善しなければならないと考えるようになりました。生物多様性の喪失と気候変動は農業に大きな影響を及ぼします。世界の食料生産が危機に陥る前に、有機農業への転換がきっと世界中の課題になるだろう、日本もその流れに遅れてはいけないと強く思いました。その思いは当たっていて、世界は急速に有機農業に転換し、さらに環境再生型農業へと進もうとしています。ところが足元の日本は、その潮流に乗り遅れてしまっています。

激減する農家後継者に対して新たに就農しようとする人の数が足りません。農地は遊休化し荒廃して農と農村の衰退は進む一方です。農林業の体力の衰えは、有機農業への転換どころか、食料自給率の危機的な低下にまで陥る状況です。衰退する一方の農の現実に対して、それを押しとどめようと自ら行動してきたか、環境を守る農法への転換を訴える努力が足りなかったのでは、という忸怩たる思いがあります。その責任を果たさなければなりません。

嘆くだけではいけません。希望はあります。未来に向かって、健全な環境と人々の健康に寄与したいと農の世界に飛び込んでくる若い人たちの姿に見る希望です。きびしい現実と向き合おうとする彼らのためになすべきことは何か。希望をさらに膨らませるために、広く人々に農と食と環境のことを知ってほしいのです。未来人が必要十分な国産の食料を得て、健全な環境に包まれて暮らせる社会をどうつくるか。一人ひとりの行動のしかたとともに、農政のあり方とその改善の方向を明らかにしたいと考えました。

子ども時代からの農とくらしの経験、三〇年来の有機農業技術研究と有機農家育成活動の経験をもとに、すぐ目の前の未来の食と環境のあり方について私案としてまとめました。農と農村の再生の一助になれば幸いです。

刊行にあたり、新日本出版社編集部の方々に深甚の謝意を申し上げます。そして、我意多き私をずっと支え続けてくれた兄・九八郎に感謝を込めて。

二〇二四年五月

著者

目次

第1章　農民、農家、百姓

農業者？　単なる業者なのか

農業者と、誰もが言います。この一般名称に特に異議を唱える人はいないようですが、私は以前からずっと、ちょっとした違和感を覚えていました。「業者」の部分です。実は私も人と話すとき、あるいは公にする作文では農業者の言葉を使ってきました。曇り空のようなモヤモヤを感じながらでしたが、自戒すべきだったと今では思っています。

農は生業（なりわい）でした。でした、とあえて言うのは、近年になって企業的農業が増えてきて、ひとくくりに生業とは呼べなくなったからです。しかし、いまだに九五パーセントを占める家族農業は生業です。

農家のくらしは、業すなわち一般的な理解でいう経済活動だけで成立しているわけではありません。農産物は、そのすべてが換金されることはなく、一部は自家消費に使われ、あるいは隣人や親せき縁者にも配られて自給品になり、物々交換され、時には扶助にも効果的に使われました。

生産活動で用いられる技術や手段（農機具や消耗資材）も、そのすべてを購入で賄うのではなく、部分的には自給や物々交換で調達されることがあります。自分でつくる堆肥（たいひ）の原料として野草を刈り集めたり、畜産農家から家畜糞を分けてもらったりするのです。カボチャの敷き藁を稲作農家から提供してもらうなどもそうだし、ちょっとした道具は手作りする技能を持っています。作った野菜やくだもの、手製の味噌を返礼品にしたりもするのです。このような日々の営みは、企業的な利潤を追求する他の産業との大きな違いであり、家族単位で営む漁業や個人商店などにも共通する生業の特徴なのではないかと思います。

このように多彩に農を営む人々のことを、ひとくくりに「農業者」という、なんとも無機的な呼び方に冷たさを感じるのは私だけでしょうか。農業者よりは農民がいい。あるいは農家がいい。農業者というと、経営者あるいは世帯主（多くが男性）だけが連想されてしまいますが、農民や農家と呼べば、その家族、ちょっと大きな農家で働くパートタイマーの人なども包み込まれて、温かみがあっていいいんじゃないか。農民とか農家の呼び方を残したいと思います。

農家は未来に文化をつなぐ

農業者よりは農民の呼び名がいい。だが、そう呼ぶ人は少ない。過去数十年で〇〇民の言い方はずいぶん廃（すた）れてきました。その背景には、農民とか漁民の「民」の語に蔑（さげす）みを感じる人がいるのかもしれません。だとしたら明らかな偏見ですが、そんな偏った、歴史的な印象に染まった語感があるとしたら、その潜在意識からはきちんと脱しないといけません。

農家という呼称についても、同根の潜在意識を感じてしまいます。近ごろ、多くの市民（農民でない人々）が、わざわざ「さん」を付けて「農家さん」などと呼びます。農家さんの言い方がずいぶん一般化したように思いますが、これも私には違和感があり、危険な風潮を感じてしまうのです。

なぜわざわざ「さん」を付けるのか。食べものをつくってくれる人々への敬いはあるでしょう。子どもたちに、食卓の食べものを残さず食べるようにと「農家に感謝しましょう」などと言われて育った人は多いでしょう。さん付け事例のほとんどは善意なのだろうと思います。しかしもう一つ、その根底には「農家」「農業」への歴史的な階層意識が潜在的に残っているからなのかも、と思ってしまいます。免罪意識のことです。

「さん」を付けることで、評価を「底上げしてやりたい」という善意が現れるのではないか。善意ですから、そのことを批判できません。そういう善意が必要とされるような状況に問題がありはしないかと思うのです。

農家の呼び方には、過去の封建的な家制度の匂いが残っているかもしれません。家父長を頂点とした家族のあり方が不文律であった歴史があり、「家の子郎党」、あるいは「士農工商」「民百姓」など身分制度に厳しく縛られた時代の残滓（ざんし）です。普段はだれも意識しないし、現代においてはそんな縛りはもとより全くありません。ですが、そんな残滓を現代市民が無意識に感じ取ってしまうことも、さん付けの遠因かもしれません。「さん」は要りません。農家だけでいいのです。

しかし、やはり農家の呼称はいい。別の視点を持てば、未来的な理想的な呼び方であろうと思います。仕事とくらしのさまざまな技術技能とその文化を受け繋（つな）いでいく家族のあり方があります。さまざまな命を育み、感謝して命をいただく日々の営みを、家族の皆が参加し共有することで次世代へとその文化を確実に繋いでいく。そんな可能性を包み込んだ呼び名だと思うのです。日本に限りません。国連のプロジェクト「家族農業の一〇年」（二〇一九〜二〇二八年）には、そんな意味合いと期待が濃厚に込められています。

百姓は多機能な仕事人集団

百姓は永く差別用語として扱われてきました。現代農民のほとんどは自らを百姓と呼ばないし、関係者も今やまったくこの言葉を使いません。農村ではほとんど死語になっています。

しかし、農家の中にも名刺に「百姓」と書き込む人がいます。こういう農家のことを「生活（暮らし）と生産を分離せず、大地の恵みや環境循環を科学的に認識している『自覚的百姓』である」（徳野貞夫、『新しい小農』第3章　百姓・生産者・小農と一〇〇年の変遷、創森社）と説明されます。

また、近年になって農外から参入した就農者の中に、あえて自らを百姓と自称する人がいます。その思いには私も賛同するところがあります。意外にも、農外の人々の中に百姓の真の意味合いを理解している人がいるのです。

一般的には「百姓＝過去の農民」とだけ理解されています。だが、過去の百姓は、単に農作業を行うだけの存在ではありませんでした。農村社会に必要なあらゆる能力を備える多機能集団を意味していたのですが、現代人の多くはそのことを忘れてしまったようです。姓は「かばね」と読み、特定の技術職あるいはその技術技能を代々伝える家系のことをいったのです。

経験を話しましょう。新潟県の中山間地、河岸段丘で名を知られた町の一隅、八〇戸ほどの集落に私は生まれ育ちました。六〇年ほど前のことですが、この集落には「かじや」（鍛冶屋）「だいく」（大工）「やねや」（屋根屋）「とうふや」（豆腐屋）「げたや」（下駄屋）などの屋号を持つ家がありました。このほかにも一～二、それらしい屋号があったように思います。

これらの家はいずれも農家でしたが、「大工職」「豆腐づくり」などを副業にしていたのです。「やねや」「げたや」も同様でした。「かじや」はそのころすでに廃業していたように思います。

このように、農民でありながら同時に様々な職人を兼ねる人々のことを百姓と呼んだのであり、蔑む理由は一つもありません。人々はその腕に培った技術技能を誇りにしていたに違いありません。百姓の呼称は、むしろ誇るべき言葉なのです。農村文化の守り手であったのですから。このような村に生まれ、そうした文化の残る場所と時代を過ごせたことを、私はとても誇らしく思っています。

私の父は、長く雪に閉ざされる冬になると筵（むしろ）を編み、荒縄を綯（な）い、根曲竹の竹籠を編むなどしていました。これらも副業です。筵や菰（こも）編み、荒縄綯いなどを私も手伝っていましたが、今となっては残念ながらその習い覚えた技術を使う場がありません。ちなみに、わが生家の屋号は「しんでん」（新田）でした。分家で田を分けてもらったのでしょう。こうした歴史を知った現代人の中に、あえて百姓たるべく、多機能な農民をめざす人がいるのです。

二〇二三年五月のある日、朝日新聞のコラム記事に「なぜ侍なんだ　百姓ジャパンでよくないか」がありました。WBC「侍ジャパン」のことです。

「恥ずかしげもなく新聞も連呼している。なぜジャパン＝侍なんだ?」と書いた記者は、「わたしは米を収穫し、冬は猟師、サトウキビからラム酒を、たまに新聞記者をしている」アロハシャツにテンガロンハット、サングラス姿で「多事奏論」を書く近藤康太郎氏。天草から発信するこの人の記事は面白くて毎回読みます。

記事にこうあります。「だいたい侍に憧れる心性が、自分にはよく分からない。坂本（龍一）さんじゃないが『だって、人を殺す人じゃないですか』。百姓のほうがずっと上等だ。だって、食べ物を作ってるんすよ。人を生かす人だ」「いまの世界で将来に目を向ければ、食料不足が懸念されている。食べものを取り合って殺し合う地獄絵図さえ杞憂ではない。とりわけ食料自給率の低い日本である。だったら侍ジャパンじゃないだろう。農民だ。めざすは国民皆農」「……これは百姓ジャパン宣言である」と締めくくっていました。

近藤氏は「百姓」の意味をよくご存じなのでしょう。猟師も「姓（かばね）」の一つであるし、酒などの醸造技術もそうです。この人自身が百姓になりきろうとしていて痛快です。

もう一人の百姓。山梨県北斗市で農的生活をおくりながら執筆活動する「わたなべあきひこ」さん。著書『自給知足な暮らし方』（八重洲出版）に、溢れんばかりに盛られている物づくり技術がすごい。まさに圧倒されます。

前段の一文を引くと「化石燃料をできるだけ使いたくないとの思いから、そのためのシステムをつくってみたら、不思議なことに時間が生まれたのです。そしてその暮らし方は、石油や電気を売ることで猛烈なお金持ちになった人たちに、これ以上は、貢がなくてもいい暮らし方、と言うこともできます」。

この本の副題が「あるいはグローバルな資本主義経済を卒業し、戦争のない平和な社会を取り戻す方法!」。著者の言わんとする本旨に大賛成です。

農漁村に原発は相容れない

農民は、人生のうちの圧倒的長時間を屋外で過ごします。野良仕事中、ふと一息作業の手を止めたとき、視界に入るすべてが農民にとってかけがえのないものになります。目にする景色のすべてが日々のくらしとともにあり、人生の色濃い時間として体に刻まれています。農地と里山、小川、道端の野草、農道や住民の家屋、遠くに見える山々や街並みなど、それらは時間の経過とともに変化もしますが、半永久的にそこにあり続けるだろうと信じて疑うことはありません。

地域の人々と苦楽を共にし、四季の移ろいを喜び、あるいは小さな無数の生きものに触れ、山野の恵みを慎んでいただき、過去から今、そして未来へと移る時間がありました。血縁と地縁に連なった人々の絆(きずな)、仕事とくらし。原発事故は、農民からそのすべてを奪ってしまいました。その哀しみは、農家に生まれた私の胸を傷めます。

五月のはじめ、毎年、故郷から粽(ちまき)が届きます。老いた母と義姉の丹精によるものです。この伝統食は、兄が初夏に山に入って笹の葉と菅を採ってくるところから始まり、もち米を収穫し、一年後にようやく粽になるのです。放射能で山が汚染されたら、故郷の粽の文化は永久に失われてしまいます。これはたった一つの例えです。無数にあるのです。わが故郷だったらと想像するだけで耐えられません。故郷を奪われた人々の絶望は、想像するに余りあります。

宮崎駿のアニメ「風の谷のナウシカ」で、主人公ナウシカを慕う老農夫たちの言葉が切ない。侵略者に向かってこう言います。

「この手を見てくだされ。(病に侵されて変形した手指を見せながら)わしらの姫さまは、この手を好きだと言うてくれる。働き者のきれいな手だと言うてくれましたわい」「あんたは火を使う。そりゃわしらもちょびっとは使うがのう。多すぎる火は何も生みやせん。火は森を一日で灰にする。水と風は百年かけて森を育てるんじゃ。わしらは水と風の方がええ」。

一九八四年に公開され、今も世界中で愛されるこのアニメ。科学文明を崩壊させた終末戦争の一〇〇〇年後を描いています。「多すぎる火」が何を喩(たと)えているか。吸い込むと命にかかわる「瘴気(しょうき)」の毒が何か。広島、長崎、チョルノービリ(チェルノブイリ＝一九八六年)、福島の放射能汚染と重ね合わせてみれば、この老農夫の述懐こそ噛みしめるべきだとわかります。

原発事故で失ったものの一つに、農の技術のことがあります。放射性物質は東北地方から関東各地の山林にも降り注ぎました。林床の腐葉土表層が高濃度の放射性物質に汚染され、ここに育つ木々がこれを吸い上げてしまったため、林床の腐葉土とともに、二〇一一年秋以降の落ち葉にもセシウムが溜まってしまいました。

日本各地で、昔から農家は腐葉土をつくってさまざまに使いこなしてきました。晩秋から一〜二月のころにかけて里山の落ち葉をかき集めます。楢や椚、欅、椎、山栗や山桜などの落ち葉です。沿海部では松葉も使われました。

持ち山であればそのまま林床に堆積して一〜二年置くと下部が良質の腐葉土になっています。そうでなければ集めてすぐに持ち帰り、母屋の近くに大山に堆積し、数回の切り返しで一年半もすると適度に熟した腐葉土が得られるのです。

こうして時間をかけてつくった腐葉土は、稲や野菜の育苗用土として、あるいはミョウガ畑の被覆有機物などとしてとても便利に使われてきたのですが、放射能汚染で「使うな」と規制されてしまいました。伝統的ですばらしい農の技が、このために廃れ、あるいは失われるはめになったのです。

この罪の重さ、事故を起こした側に自覚があるでしょうか。こうした技術を培い使ってきた農家にとって、どれほど大きな衝撃であったか。その多大な価値を、事実を知らない人々にもぜひ知らしめたいと思います。

集めた落ち葉は、家畜糞や青草、米糠などと混和され「踏み込み温床」（醸熱床）として、早春の育苗にも使われてきました。自然エネルギー利用のすばらしい技術文化です。温床内で発酵を始めた落ち葉は初夏以降に屋外に持ち出されて堆積し、その一年後には腐葉土になりました。

原発事故はこの温床技術にも暗い影を落としました。昭和の時代まではごく一般的な農の伝統技術でしたが、電熱温床の普及で廃れつつありました。ごく少数の有機農家などが守り伝えてきましたが、3・11原発事故の放射能汚染がさらに大打撃を加えたのです。農の伝統技術を破滅に追い込もうとした原発事故。私の認識の一つです。

ちなみに雪国では落ち葉は使えません。落葉直後に雪に閉ざされるからです。雪国で育った私は、稲わらを使う踏み込み温床作りを手伝うことでその技術を身につけました。三月上旬、庭先にまだ一メートルもある雪をどけてつくっていました。この少年時代の経験を大いに多としています。

幸いなことに、放射能汚染を乗り越えて、踏み込み温床技術は新規参入の若い有機農家が受け継いでくれています。さらに次代にも繋いでほしいと念願します。

第2章　農の危機、食の危機

農と農村の原点

そもそも農といい農村というのは、どのような成り立ちなのでしょう。まずは農と農村がどのようにして生まれたか、その特徴、そして今にいたる農と農村の変遷を確認してみることにします。

人類は、ある時期まで木の実を採り、移動しながら魚や獣を獲って食べる狩猟採集のくらしでした。しかし何かのきっかけで、食用になる植物の種子を蒔いて栽培するメリットを発見し、それが転機になって人類は一つ所に住居を定めて社会を形成するようになりました。すなわち、農の始まりが文明の始まりになりました。

農の始まりによって、家族の枠を超えて知恵や労力を分かち合う共同社会が生まれました。農の作業を共同するだけでなく、くらしの相互扶助も身につけました。きびしい自然と立ち向かうためには、互いに助け合うことがとても大事なことだったのです。共同は、その土地に住む集団が村を形成して行われました。さらに村々がつながって、社会はより大きく複雑になっていきました。

農の誕生と社会の成立は、さまざまな技術を生み出しました。作物栽培だけでなく、食物の貯蔵や加工、農とくらしの諸道具や衣服を作る、住居を建てるなどです。技術は分業制のなかで発展し、人から人へと伝承されるようになりました。農村における専門技術者（職人）の誕生です。

しかし技術分業はせまい農村内でのことで、歩いていける距離の内での「自給技術」でした。ほとんど知り人どうしの協力の範囲内で、農とくらしに必要なすべてのことが手に入る世界でした。鍬や鎌を作ることができる農民、家を建てる優れた技術を持つ農民、茶碗（ちゃわん）や徳利など焼き物を行う農民、機織（はたおり）をし衣服を仕立てることが得意な農民などがいて、互いにその技術を大いに利用し合ったのです。すなわち「地域自給」が農を的確に説明する言葉の一つだったのです。

後に社会が大きくなっていくにつれて、こうした農とくらしの技術は農村内にとどまることなく発展し、職工的技術から家内工業へ、近代の企業的技術へと変貌しました。商品経済、市場経済の発達とともに、生産の拡大が進み、自給の範囲にとどまらなくなったのですが、そのことが現代の「農業」と農村のあり方に大きな影響を与えました。「自給」の意味が薄弱になり、多くの農的技術と文化が廃（すた）れてしまったのです。

私が幼少だった六〇年くらい前までは、農村はまだとても自給的でしたが、その後数十年で農と農村は大きく変貌してしまいました。

私はかつて、農村社会の特徴を表すドイツ語を学びました。農村社会は血縁、地縁が基礎となる「運命共同体」であり、ドイツ語では「ゲマインシャフト」というそうです。農耕文明の始まりとともに成立し、特にきつい緊張関係がなくて一体感のある社会です。農民どうし、お互いの仕事とくらしの様子がよく見えてわかり合えるからです。川や海で漁をする漁村も同じです。

村人は明文のルールがなくても、互いの行動の是非について暗黙の了解ができます。不文律などといいます。この了解にもとづいていつでも相互に協力しあえるのです。農作業に労力を提供し合う結、災害や葬祭などに協力しあう相互扶助、道路や河川の手入れ、薪や牛馬の食べる刈草を穫る入会地の共同管理、神社や公民館の維持など、日常的に話し合いを行いながら地域一体で農とくらしを支え合ってきたのが農村でした。

対照的なのが近代の「利益社会」です。ドイツ語で「ゲゼルシャフト」といいます。明確な目的によって集まる「機能集団」で、利害や打算にもとづいて合理的に行動しようとする社会のことです。集団の内と外には常に緊張関係が存在し、厳しいルールを必要とします。企業や学校、病院、役所などがこれにあたります。

利益社会では、構成員は縛られた世界のなかで仕事します。この社会では仕事とくらしが切り分けられてしまうのも特徴です。農村の一体感とはかなり違った社会なのですが、現代の農漁村にはこうした利益社会で仕事する人々がたくさん混じり合ってくらしています。混住化社会と呼ばれます。

今の日本人は、利益社会で仕事する人が圧倒的な多数者となり、歴史的な共同体社会の特徴は失われつつあります。かつての農村共同体的な社会に比べ、ある意味で個人が尊重され、人権やジェンダー平等が大事にされる社会になったという一面は大事なことです。しかし、一方、文明発祥のもとであり、人社会の生みの親でもある農と農村の姿が見えにくくなったことは、未来を危うくする要素になりはしないか。私の危惧がここにあります。

農とくらしの激変期があった

　幼少時の生家のくらしを思い出すと、その後六〇年余の日本農業と農村の激変がよくわかります。意識すべきは、農村変貌の行き着く先が未来人の生存を脅かすようであってはならない、ということ。「ほんのちょっと昔の農とくらし」を掘り起こしてみると、得たものと失ったものの意味が見えてきます。

　一九六〇年前後を境にして農村の風景がガラガラと変わっていきましたが、そのまっただ中で自分と家族の身に起こっていたことを、第三者的な目で検証してみる必要を感じました。懐古ではありません。未来につなげるべき価値あるものを投げ捨ててしまってはいないか、見直すべき価値観がなかったどうか確認しなければいけません。

　激変の起点だったかなと思える風景があります。一九五九年（昭和三四年）まで、生家では箱膳（はこぜん）で食事をしていました。箱膳というのは、一人分の食器（飯椀（めしわん）、汁椀、小皿、箸など）を収納する縦横三〇センチ、高さ二〇センチくらいの木箱で、上蓋（うわぶた）をひっくり返すとお膳になるものです。江戸期から明治、大正のころまで、武家から庶民にいたるまで使われていた、と各地の歴史民俗資料館などが紹介していますが、農村部ではもっと後まで箱膳を使うくらしでした。

　当時は、農業改良普及員が農協と連携して農業生産の大改良を開始し、生活改良普及員が農家のくらしを大改造すべく奮闘していました。台所、風呂、トイレなどの近代化で衛生改善、農村女性の負担軽減などが進められていました。

箱膳を、家族が囲む食卓式に変える動きもその一環だったのでしょう。わが家は父が「丸いちゃぶ台」を買ってきて箱膳はやめました。私は五歳でしたが明瞭に覚えています。テレビや耕耘機（こううんき）が入るほんの数年前のことでした。

山田洋次監督の「たそがれ清兵衛」という映画に、囲炉裏のそばで家族が食事するシーンがあります。箱膳で食べています。清兵衛と家族の髪が髷（まげ）で、着物を着ている以外は当時のわが家にそっくりで、つい頬がゆるみました。

昭和三〇年代の農村と、江戸期のくらしの様子が映像で重なるのです。そんな私の経験を、現代の若い人に話しても伝わりません。箱膳で食べ終わった後、飯椀に白湯かお茶を注ぎ、箸でつまんだ漬物などで椀の内側をぬぐって湯を飲み、そのまま箱の中に食器を伏せて仕舞う。家族の箱膳を台所の一角に積み重ねておけば、それが合理的な（?）収納棚代わりだったのです。数百年もの間、これが日本人のくらし方でしたが、一番の問題は非衛生的だったこと。この文化は廃れることが宿命でした。

箱膳が懐かしい訳ではありません。その後の激変の起点だったのではないか、と思うのです。それまでの農の技、くらしの技が次々と姿を消しました。箱膳のように消えて良かったものもあるが、消してはならなかったものがたくさんあったかもしれません。

1962～63年頃、耕運機に乗る筆者（後ろ）と両親

一九六〇年ころから農家が一斉に使い始めたのが耕運機（ティラー）でした。ガソリンエンジンで、後ろに荷台車（トレーラー）を引く運搬車です。それまで農家が田畑の行き帰りに道具や収穫物を運ぶのはもっぱらリヤカーでしたから、きつい肉体労働から解放されて、農家の喜びはとても大きかったと思います。

荷を乗せたリヤカーを引くのはとてもきつい仕事です。必ず家族を伴って後ろから押させる必要がありました。子どもには、学校から帰ったら田畑に来るよう言いつけておき、家に帰るリヤカーを押させたのです。

子どもにも、耕運機を手に入れた大人たちの喜びようは手に取るようにわかりました。荷台に乗せてもらう子どもにとって「こんなに速い乗り物がほかにあろうか」と思えるほど、ワクワクした記憶があります（写真）。当時の農山村で動力で走るものは、定時のバスか時折材木を乗せて走る大型トラックくらいのものでした。

田畑を耕す耕耘機（歩行型トラクター）が導入されるようになったのは、その後数年たってからでした。当初はガソリンエンジンの小型のものでしたが、馬力が足りなくてうまく使えません。すぐにディーゼルエンジンの重い耕耘機に変わっていきました。春の田起こし（荒起こし）が家族総出で行う最もきつい作業でしたが、それが耕耘機を使って一人で短時間でできるようになったのです。代かきも、馬や牛を使う必要がなくなりました。その結果、農家から馬や牛が消えていき、堆肥作りも消えていってしまいました。

畑は、古代から一九六〇年代に至るまでずっと、日本では基本的に「半不耕起」（うねの位置だけ鍬で溝を切って肥料を入れ、うね間は耕さない）の栽培方法でした。耕耘機の登場で、全面耕耘栽培に変わったのです。農の激変の最たるものだったと思います。このころから、畑における化成肥料（鉱物資源を原料として工場でつくる無機質肥料）の投入量がどんどん増えていったと考えられます。農業改良普及員の生産性向上指導と農協を通じた化成肥料の共同購入が連携し、栽培のマニュアル化とともに、肥料や農薬、燃料、プラスチック資材などをたくさん使う多投入時代が幕を開けたのです。

また、このころからビニールフィルムが一般化していきました。野菜の苗床、稲苗代の保温被覆が油紙からビニールフィルムに替わり、パイプハウスの登場で一気に日本中に広まりました。それまで苗床の保温には油紙の上に菰（こも）や蓆（むしろ）を被せていたのですが、米の供出に使っていた俵が麻袋に替わったこともあり、稲藁の加工も行われなくなりました。縄綯いをする人や草履、雪沓などを作る人もいなくなっていきました。一九六〇年代の農村は、激変に次ぐ激変の時代だったのです。

堆肥をつくらなくなっていったこと、化成肥料の投入量が増えていったこと、稲藁加工など長く続いた農村文化が消滅していったことは、今の世界的な環境問題につながっているのではないか。そんなふうに思えるのです。例えば、当時の家畜飼育と現在の多頭羽飼育の畜産業は、まったく違う技術、まったく異なる文化です。家族の一員のように飼育していた少数の家畜飼育文化は、理想的な資源循環モデルでもありました（一七三ページ参照）。そうしたアジア共通の文化を投げ捨ててきた「農業」のありようを、再度、見つめ直す時期に来ているのではないでしょうか。

農から農業へ、そして失ったもの

いまや国民の理解は「農業＝食料生産業」であり、その他の仕事は見えにくくなりました。農産物は地域を越え、国を越えて取引される「食商品」になり、かつてはエネルギー自給社会と同義だった「農」が、膨大なエネルギーを消費する「農業」へと変わってしまいました。これは、食料の長距離大量輸送が求められる都市集中型社会の弊害でもあります。

「農」は自然環境と密接につながり、自然との共生と調和の中で成立してきましたが、本章で以下見るように、今の「農業」は生きものの絶滅を進める最大の原因産業になってしまいました。地球環境を損ねる負の存在になってしまったのは、自給の意義を尊重しないで、食料システムという経済的な観点でのみ行う「農業」になってしまったからでしょう。

効率化、マニュアル化、大規模化、企業化、均質化、モノカルチャーなどが農業の進む道とされ、工業生産をマネするようになったことが、農の持続性を危うくしてしまいました。農を支える最大の条件だった生物多様性を壊しただけでなく、今や全世界の農地の三分の一が「劣化」してしまい、未来の食料生産をピンチに陥れているのもその一つの現れです。「農」の危機は「農業」によって生じた、といえるように思います。

日本では、「もうかる農業」などと政府がいい、経済合理性にもとづいた規模の大きな企業的農業経営が推奨されています。家族農業から法人経営へと進み、パートタイマーや外国人研修生の労力に頼るマニュアル型の農業へと変えていこうというのが、農政の主軸になりました。しかし、その政策によって、さまざまな歪(ゆが)みが生まれてきました。

小規模な兼業農家は大事にされず、専業農家でも所得が不安定なために子どもが後を継ごうとせず、農を辞める家が急増してしまいました。放棄され、耕されなくなった農地があちこちに現れ、町から遠いところほど社会に活気がなくなり、過疎化が進む一方です。里山や河川の管理がうまくできなくなって、熊や猪、鹿などの獣害が増えたのも、地域の人力低下が最大の要因です。

行政の幹部は言います。「農家は減っても農業生産額は減っていない。農地を集めて大きな経営体がスマート農業で合理的に生産を続ければ、食料自給率が大きく下がるとは思えない。大丈夫だ」と。はたして、そうでしょうか。

大きな農業経営体なら儲かるのでしょうか。パートタイマーや外国人研修生の低い賃金でようやく経営を維持しているだけで、実質は、農外企業に旨味(うまみ)を吸い取られ、農村地域への経済効果は期待されるほどではありません。その上、生産物の「商品性」が「食品性」より大事にされ、食べる人への配慮、周辺環境への配慮が疎(おろそ)かにされてきたのが実相でした。

古来、農業の世界で「もうかる」事例などあったためしはありません。農業、林業、漁業は衣食住の材料を提供する仕事です。農民一人がこうした仕事で生み出す衣食住の材料の量には限界があります。その限界を超す労働対価は得られないのだから、農で大きくもうけることはできないのです。最新科学の成果や便利な道具を使う場合でもそのコストが必要になるのですから、やはり所得には限界があるのです。「もうける」例があるとすれば、それは安い賃金で労働者を雇用して利益を独り占めする法人経営者だけでしょう。雇われる人にも等しく適正な労働対価を分配すれば、一人当たりの所得は決して大きくありません。それが農業の現実です。

「もうかる」とか「もうける」の語を使うことは、その業種内に好ましくない競争や対立を生むかもしれません。もうかる経営を奨励し称賛する行為は、強者と弱者の対立、あるいは「もうけなくてよい、生計を維持できればよい」とする生業主義との対立をクローズアップさせるでしょう。そんな両者の間に共感、協調の思いなど生まれないでしょう。一方は他方を蔑(さげす)み、頑張ってももうからない農民は前者を妬むあるいは憎むかもしれません。古くからの協力関係は壊れてしまうのではないでしょうか。

かつて大原幽学や二宮尊徳は、つぶれ百姓が生まれるような状況を悲しみ、農民同士がいがみ合うようなことのない農村であってほしい、協力協調し合って共に豊かになる農村を築こうと「協同組合」のしくみを生み出しました。「協」は力を寄せ合い助け合うことを意味します。地域内での競争を排し、共同行動と相互扶助こそが農村社会にふさわしい。当時も今もまったく変わらないはずなのです。

国際連合（国連）は「家族農業の一〇年」（二〇一九〜二〇二八年）プロジェクトを進めています。今も世界の農業の九五パーセントを占める家族農業が、ＳＤＧｓの目標にかなう農の姿だと認め推奨しているのです。家族単位で農作業にあたり、自然環境に敬意を払い、食べる人、使う人を思いながら生産物をていねいに扱ってきたのが家族農業です。環境を壊し、膨大なエネルギーを浪費する企業的農業より家族農業の方が価値あると、科学的に認められたのです。家族が行う農のあり方を切り捨ててきた日本の農業政策は、世界の主流から取り残されようとしています。

農と食の危機、招いたのは農政

日本でも家族農業が九五パーセントを占めていますが、その農家数は激減しています。二〇二三年の農家数（基幹的農業従事者数）は一一六万人で、全就業者六七五〇万人のうち一・七パーセントにすぎません。とてもマイナーな仕事になってしまいました。その農家の平均年齢は六八歳。ほとんど老人ばかりが農作業するいびつな世界になったのが、日本の農業の特徴です。

過去五年間で農業を辞めた人はおよそ四〇万人。年に八万人ずつ農家が減っているのですが、新たに就農する人は三・一万人（二〇二二年）だけで、しかもその三分の二は六〇歳以上の人です。就農者数も年々減る一方で、不足する農家数をとても補えません（図表1）。

農地は一九六一年の六〇八万ヘクタールをピークに、二〇二二年は四三二万ヘクタールへと大きく減らしてしまいました。六一年間に、茨城県面積の三倍にあたる一七六万ヘクタールの農地が失われたのです（図表2）。

食料自給率（カロリー自給率）は三八パーセントで、国際的にも最低レベルです。ちなみに他国の例は、スイス五〇パーセント、イタリア五八パーセント、イギリス七〇パーセント、ドイツ八四パーセント、フランス一三一パーセント、アメリカ一二一パーセント、カナダ二三三パーセント。韓国は日本と並んで低自給率ですが、四四パーセントで日本よりは高い。

海外から食料の三分の二を買っている日本は、今後さらに自給率が下がると予測されます。海外で紛争や大災害などがあって食料流通の混乱があると、すぐに食料不足に陥る危険があります。二〇〜三〇年後には飢餓の国になるかもしれない、と心配する声が大きくなっています。

政府は、食糧難になった場合を想定して「食料供給困難事態対策法」を考え始めました。花農家などに強制的にイモを植えさせ、国民の食生活をイモ中心にしたシミュレーションまで政府はして

図表１　新規自営農業就農者数の推移

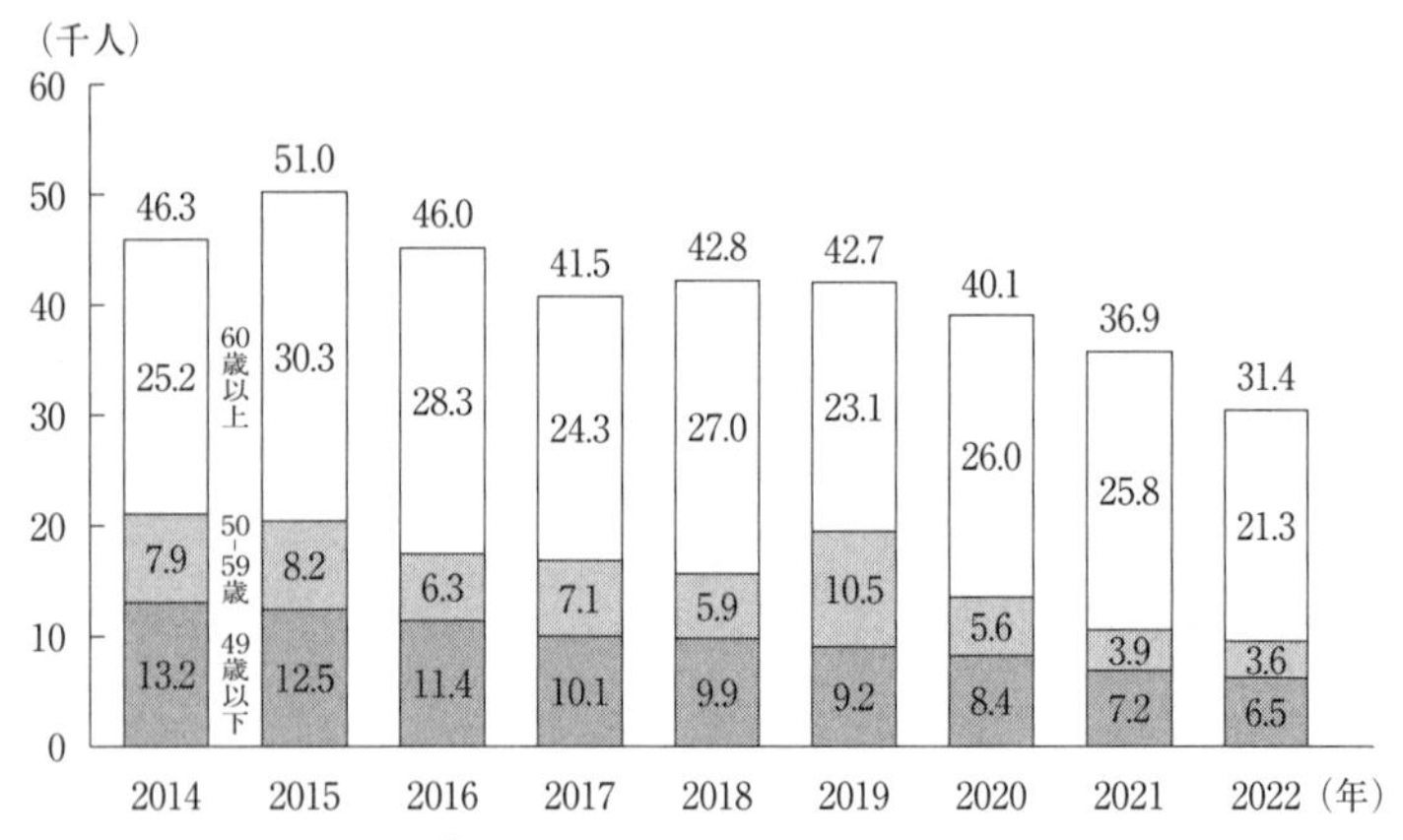

出所：農林水産省統計部『新規就農者調査』

図表２　田畑別耕地面積の推移（全国）

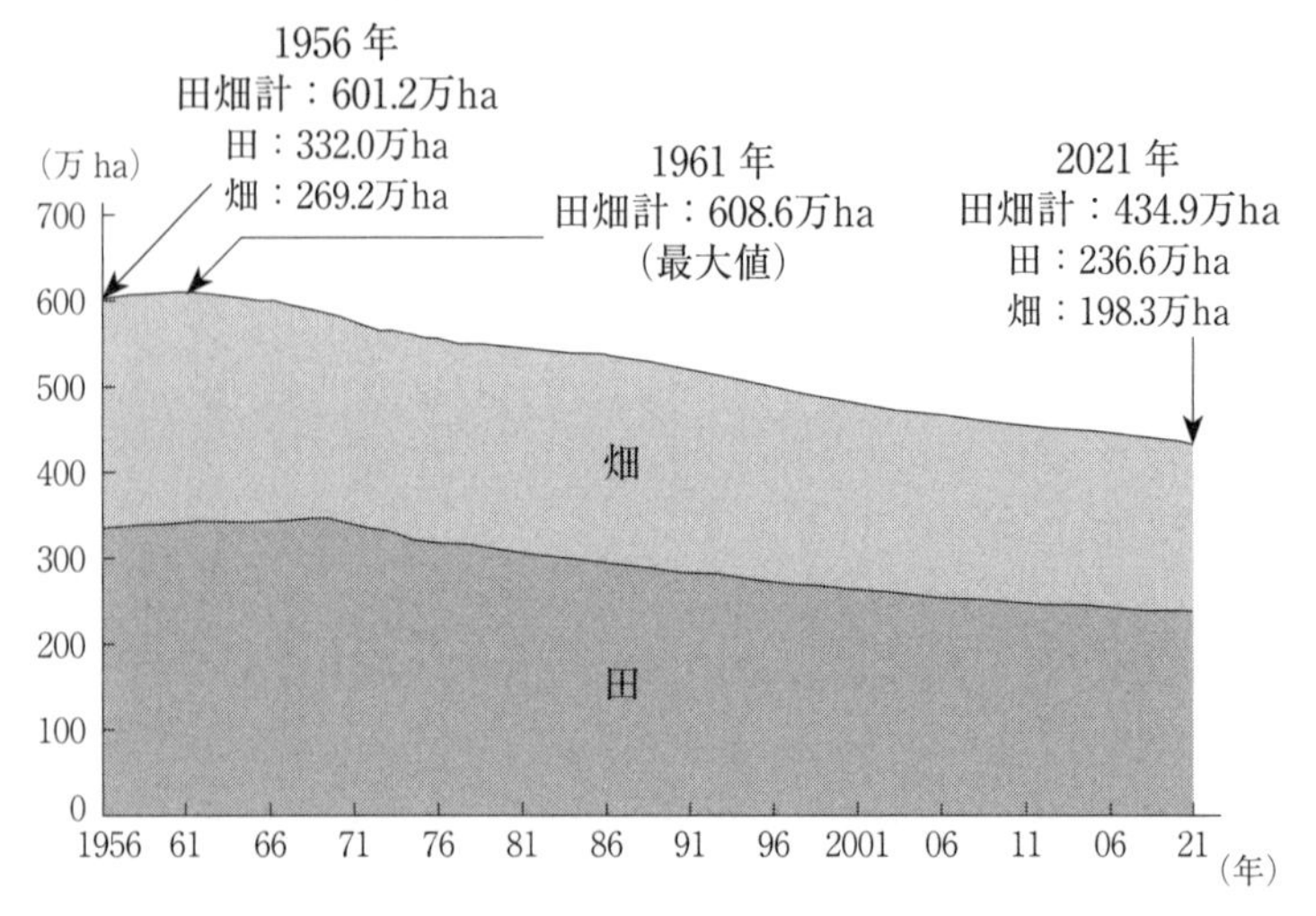

います。しかし、そんな対策でいいのでしょうか。農家を増やし、国産農産物を大きく増やす政策が必要なことは子どもでもわかると思うのですが。

著者が購読している週刊新聞「農民」(農民運動全国連合会の機関紙)の二〇二三年七月三日付記事「食と農の危機打開に向けて」に、日本の農の危機的状況が簡潔に記されていました。農水省「営農類型別農業経営統計」から引用した稲作農家の所得と時給の表を見て驚きました。二〇二一年の稲作経営一戸あたり農業所得がたった一万円、一〇〇五時間(一年間、稲作に費やす労働時間)で割った時給が一〇円だというのです。二〇二二年も一〇円でした。

この悲惨な実態について「現在の危機は基本法農政六〇年間の『なれのはて』というべきです」と解説があり、まったくそのとおりだと思いました。「価格保障・価格転嫁・直接支払い」の項目では、各国の「農業所得に占める補助金の割合」が示されています。スイス九二・五パーセント、ドイツ七七パーセント、フランス六四パーセント、EU平均五〇・四パーセントですが、日本はわずか三〇・二パーセント。国民の食といのちを守るべき日本の農政がいかに貧弱で無責任であるかが、この数字に表れています(図表3)。トラクターやコンバイン、プラスチックハウス、ドローンや除草ロボットなど「便利な道具」が続々と登場しても、「それを買える金はない」「農業では食えない」とやめていく農家が増えるばかりです。

別の切り口でわが国の農業予算の悲惨さを確認してみましょう。農水省「主要国の農業関連主要指標」による「国民一人当たりの農業予算」(二〇一九年)では、アメリカ三万二八八円、フランス

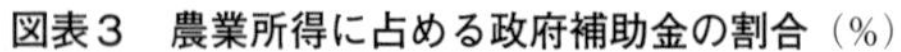

図表３　農業所得に占める政府補助金の割合（％）

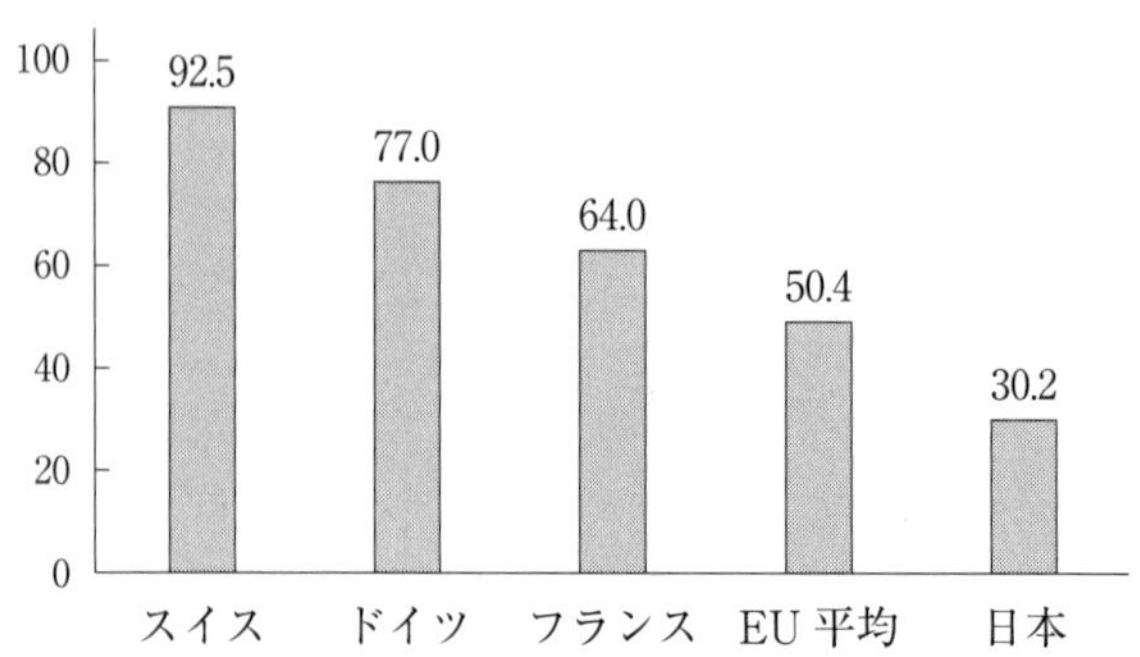

図表４　国民一人あたりの農業予算額（2019 年）

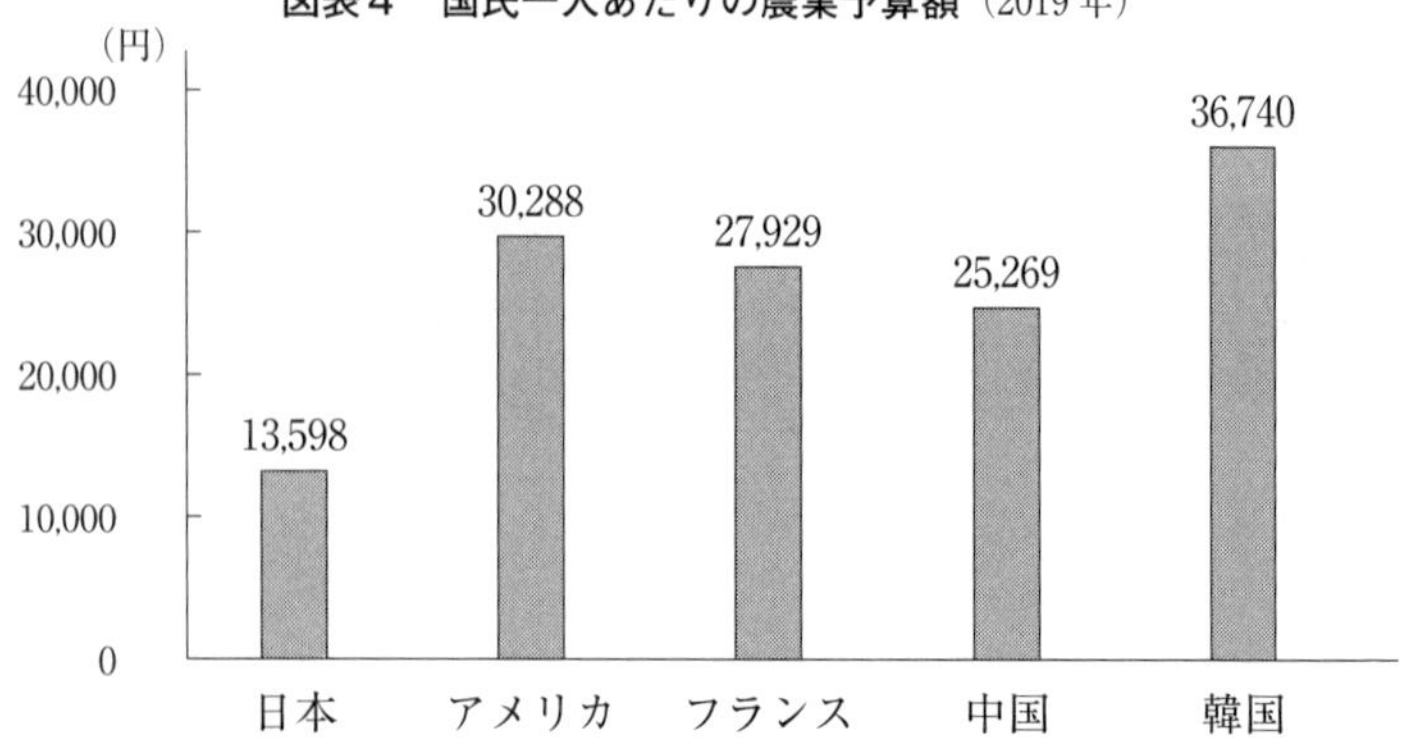

二万七九二九円、中国二万五二六九円、韓国三万六七四〇円ですが、日本は一万三五九八円。中国の半分、韓国の三分の一でしかありません。日本の政治は、農と食にかけるべき費用を惜しんで、未来人の命とくらしを脅かそうとしているのです。国民は、この事実を知っているでしょうか（図表４）。

国の農業予算（当初予算）は一九八〇年に三・五八兆円（国家予算四二・五九兆円の八・四パーセント）だったものが、二〇二三年は二・二六兆円（同一一四・四兆円の二・〇パーセント）と大幅にダウン。国の全体予算に占める割合は、四三年間で四分の一以下に縮小されてしまったのです。

国民に豊かな食を保障すべき国の責任はどうなったのでしょう。この流れをどこかで変えないといけません。農水省は、二〇年後の農家数が三〇万人に減ると予測しています。現状の四分の一です。これでは現在の食料自給率さえ維持できません。国産食料がほしくても容易には手に入らない時代がすぐそこに迫っているのです。耕作放棄地はさらに増え、過疎化が進み、地域まるごと消滅が現実になるかもしれません。政府が農と食に必要な投資をしない姿勢は、戦後七〇年以上ずっと続いてきました。農家が激減し、農地が使われなくなり、自給率がどんどん低下してきたのは、長く続いたこの国の農政が導いたものです。農家から希望を奪ってしまった結果なのです。

この農と食の危機、農村の衰退を食い止め、未来人のために確かな食と地域環境を取り戻すためにどうしたらいいのか。次章から順に、その問題点を明らかにし、その解決法を探し出してみようと思います。

第3章　環境問題と農業

「環境問題の深刻化が世界の農と食を脅かすようになった」と、環境問題と食の関係が重大なテーマとして取り上げられるようになりましたが、その元をたどれば「世界の農と食流通のあり方が環境破壊を促した」のが真相です。そこに、日本の農業・食料政策も深く関わっています。日本の食料システムを早急に改めることが、環境問題への対策としてとても重要な課題になります。国民の食料を安定的に確保する「食料安全保障」においても、農政の大転換が諸外国の理解を得る大前提であり、責任でもあります。

この章では、世界の、そして日本の環境問題に農業がどのように関わってきたのかを検証し、未来人のためにどのような行動が必要かを探ります。

農業は環境に何をしたのか

世界の農業のあり方が問われています。日本では「農業は環境に優しい産業」などといわれた時代がありましたが、まったく嘘でした。残念ながら、これまでの農業は環境悪化を促す存在だったのです。

農業が関わる主要な環境問題は四つあります。

①気候危機：温室効果ガスの排出、農業経営上のエネルギー収支、国を越える食料システム
②生物多様性の喪失：生物種の大量絶滅を促した農林業
③窒素とリンの環境汚染：過剰な肥料投入、陸域から水圏汚染へ
④農耕地土壌の劣化：耕すことの是非、肥料とは何かの見直し

プラネタリー・バウンダリー（地球の限界値）という指標があります。二〇〇九年に、ヨハン・ロックストロームら約二〇名の地球システムと環境科学者のグループが提唱し、その後の環境問題を考える上で世界的な視座になりました。

九項目の課題に分け、うち七項目で限界値を定めていますが、すでに閾値を超えた項目が四つあります。最も深刻なのが生物多様性の課題です。

①気候変動：大気中のCO_2濃度。限界値は三五〇ｐｐｍだがすでに四〇〇ｐｐｍを超え、破滅的な転換を起こしうる四五〇ｐｐｍに向かっている。

②生物多様性の喪失：生物種の絶滅率が指標。自然状態の一〇〇〇倍以上の速さで絶滅が進んでいる。生態系の破壊で今後約一〇〇万種の動植物が絶滅の危機にあり、人類による第六次大量絶滅になるともいわれる。

③窒素とリンの循環：窒素は人為的に陸から海に流れ出た量で、限界値は年四四〇〇万トンだが現状は一億五〇〇〇万トン。限界値内に戻すことは困難になった。リンは限界値一一〇〇万トンに対して現状二二〇〇万トン。

④土地利用の変化：森林被覆率七五パーセントが地球の回復力に必要な数値だが、熱帯雨林、温帯林、北方林の大量伐採で六〇パーセントになってしまった。

この四項目とも、日本の農林業、食料確保のあり方が深く関わっています。ヨハン・ロックストロームは「温室効果ガスを大量排出して生態系も壊している食料生産システムの変革が、特に重要です」（朝日新聞二〇一九年一一月二八日付）と言っていますが、私たち日本人はこの言葉を強く噛みしめる必要があります。国民の食料の大半を他国に依存している分だけ、その直接的な責任から逃れようとしていますが、それは許されません。

いま私たちに求められているのは、農業が環境にもたらした負の影響を直視しなければならない、ということです。

気候危機と農業

気候危機と農業の関わりについて考えてみます。まず何をおいても、私たち日本人が責任を感じなくてはならないことがあります。それは、大量の食料輸入に使われる化石燃料のことです。食料輸入量×輸送距離をフードマイレージといい、環境負荷の大きさを表す指標の一つです。日本は八四〇〇億トンキロメートル（二〇一六年）で、断トツの世界一（図表5）。第二位韓国の二・五倍、三位アメリカの三倍に近い。日本人は、ただ食べているだけで大量の温室効果ガス排出をもたらし

図表５　各国の食料輸入量と平均輸送距離

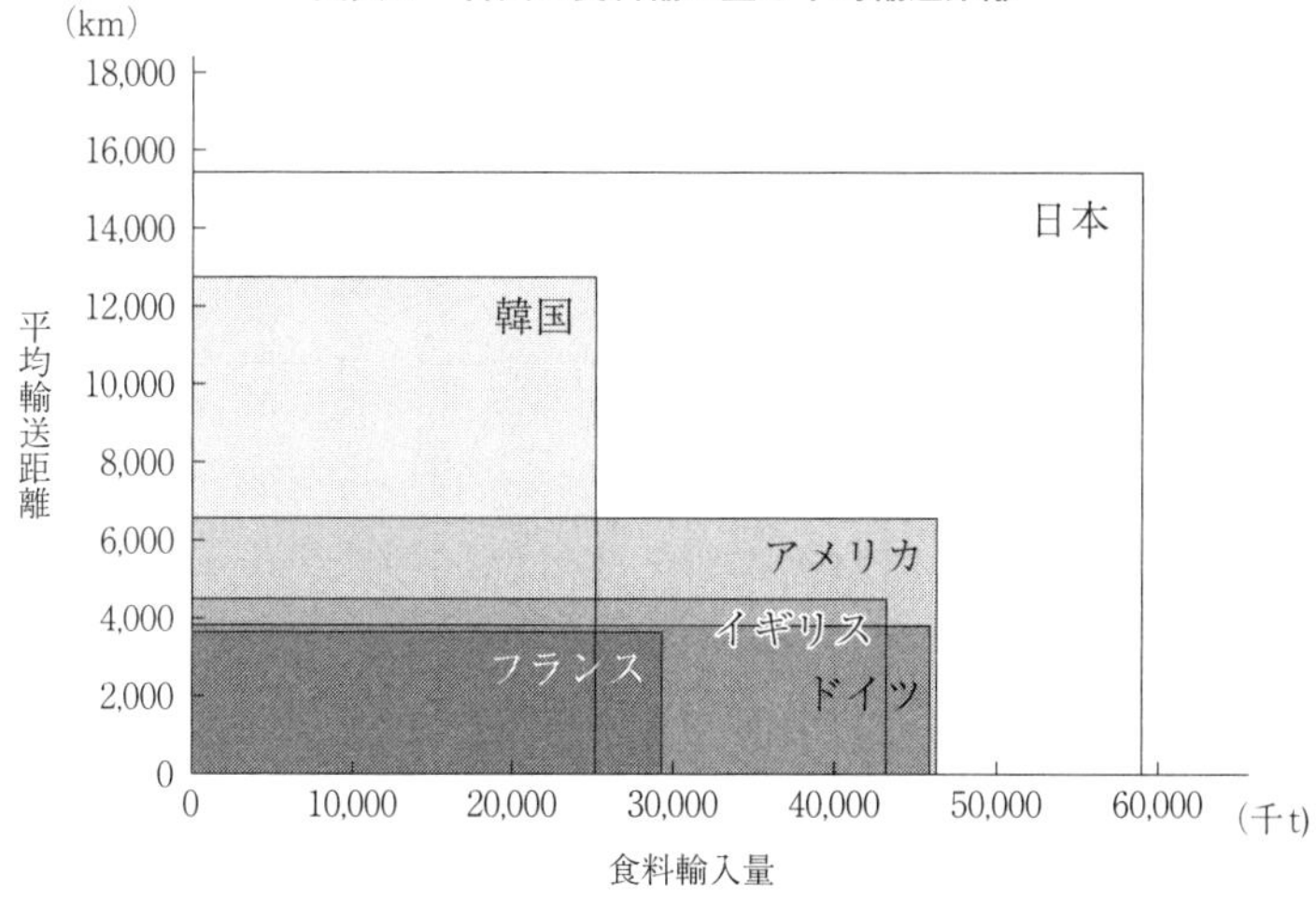

出所：ウェブサイト「フード・マイレージ資料室」
注：フード・マイレージとは、食糧の輸送量に輸送距離を掛け合わせた指標である。

ていることを、きちんと自覚しなければなりません。

同様のことは家畜飼料の大量輸入にもいえるし、木材輸入もそうです。農林業の自給率をできるだけ速やかに高めることを、世界中から強く求められています。

農業もCO_2を排出しています。化成肥料は原料採掘から輸送、製造の過程でCO_2を排出します。化成肥料の多投入が地下水と河川、さらに海の汚染につながり、水圏の生物多様性を損ないました。水中の富栄養化をもたらし、微生物増殖で酸素不足になる「貧酸素水塊」を増やすとN_2O（亜酸化窒素）を発生させます。N_2Oの温室効果はCO_2の三〇〇倍。化成肥料の罪は重いのです。

農水省は化成肥料の施用量を減らしてきたと胸を張りますが、国内有機物資源利用技術についての指導はいまだ不十分で、片手落ちです。有機農業の発展は現場にほぼ任せきりで、公的な技術指導者はほとんどいません。日本の農業政策の穴になっています。

農業機械や温室栽培で化石燃料が使われます。さらに、トラクターで耕し過ぎると土壌内に蓄積された有機物の分解が進んでCO_2が出ます。土に蓄えられた炭素（一兆五〇〇〇億トン）は地上生物全体の炭素量（四五〇〇億トン）の三倍以上ありますが、耕す農業によってCO_2になり大気中に拡散して減少しています。この反省から世界的に不耕起栽培が拡大しています。

温室効果ガスの排出は大規模法人経営がより多く、小規模家族経営からは少ないといいます。規模の大きな企業的農業経営は、動力機械や施設に用いる燃油消費、生産に用いる資材の製造エネルギー消費がとても大きく、さらには生産物のグローバルな運輸エネルギーも膨大です。大規模農業ほどエネルギー収支がマイナスになるのです。いわゆる「もうかる農業＝規模拡大、法人化」の問題点だと認識すべきです。国連の「家族農業の一〇年」（二〇一九～二〇二八年）プロジェクトの主旨にも関連するのです。

さまざまな食品が店頭に並ぶ中、原材料表示に「植物油脂」があります。東南アジアから大量に輸入されるパームオイル（ヤシ油）が使われています。東南アジア諸国は、日本がヤシ油を買うからと、次々と密林を焼いてヤシ農園に変えました。密林の消失はオランウータンの棲息を脅かし、CO_2吸収林を大規模に減らし、樹木を失った泥炭地からはN_2Oが大発生します。日本人はこうした事実をきちんと知らないといけません。気候危機対策と食用油の国内自給という農業課題が密接につながるのです。

有機性廃棄物や牛のゲップ、水田からはメタンガス（CH_4）が発生します。世界的に大気中のメタン量が増加しています。メタンはCO_2の二五倍の温室効果がありますが、廃棄物からの発生減少で日本のメタン発生量は減ってきています。

しかし農業からの発生量が横ばいであるため、牛の餌の工夫や水田の管理法改善などで発生量を減らす試みが進んでいます。例えば、柿渋のタンニンが牛のゲップを減らす効果があると確認され、干し柿の皮を加工して牛エサに混ぜる研究があるそうです。こうした地道な取り組みに期待がかかります。五〇年前、牛のゲップがこんなふうに注目を浴びるなど、畜産農家は思いもしなかったことでしょう。

世界的にメタンが増えている背景に、牛肉消費の激増があって牛の飼育数が増えたことがあります。牛肉の需要に応えようとアフリカなどで牛の放牧が増えると、野草が減って砂漠化の要因にもなります。人類の胃袋の欲求はとどまることを知らないのでしょうか。

いや、とどまって考えようという若者たちがいます。ヴィーガンと呼ばれる人たちで、日本語では「完全菜食主義者」です。牛肉をはじめ、豚肉、鶏肉の肉類、卵、牛乳、魚介類、はちみつ、ゼラチンなどの動物性の食品を避け、植物性の食品しか口にしない生活をします。動物皮革のカバンや靴も使わないなど、徹底しています。スウェーデンの若い環境活動家グレタ・トゥンベリさんが有名ですが、家畜のための飼料畑を「人の食料のための生産に使うべきだ」という主張でもあるのです。

こうした必死の思いで行動する若者は、自分たちの未来にかかる環境悪化の暗雲を払いのけたいのです。私も該当しますが、彼らの前世代、前々世代の無自覚と責任が鋭く追及されているのです。農業が犯してきた罪も、われわれはしっかり自覚しなくてはなりませんが、日本の農家、農業指導層はその自覚がとても薄いように思えます。

日本の畜産農家は今、経営の危機にあえいでいます。飼料と燃油、電気料金の高騰で、コストが異常に膨らんだためです。畜産農家の離農を防ぎたいと政府や自治体からの助成もあるのですが、不十分です。現状の畜産農家のくらしは守りたいが、それ以上に畜産食品の消費を煽る日本社会の風潮に危機感を覚えます。畜産物の輸入は増加の一途です。

のん気すぎやしないか、と思います。農家数に対して非農家市民の数のアンバランスが、日本人の「のん気」の元だと思います。農業と食システムが抱える重大問題を主要な政治課題にし、マスコミも意識的に報道すべきでしょう。

生物種の絶滅、主犯は農林業

農林業の最も重い罪は、生物種の大量絶滅を促していることです。すでに一九八〇年代から警告が発せられ、生態学の研究者などが対策の必要性を発信していましたが、日本の農業界は鈍感で問題認識はきわめて薄かったと思います。

生物種の絶滅種数について、世界一三二か国の政府が参加する「生物多様性及び生態系サービスに関する政府間科学政策プラットフォーム」が二〇一九年五月、衝撃的な予測数値を発表しました。動植物約八〇〇万種のうち、「今後数十年間で一〇〇万種が絶滅のおそれがある」というものです。同様に、「昆虫種の四〇パーセントが絶滅のおそれ」だというから恐ろしい。

※「今後数十年間」の目安は三〇年間。また、昆虫種数は、確認されているものは約一〇〇万種。推定種数は二六〇～七八〇万種（研究者によって差がある）で、全動物種の七五パーセントを昆虫種が占める。

もう一つ生物種絶滅についての解説を紹介します。山形大学環境保全センターのウェブページ「野生生物種の絶滅」の記述から一部をそのまま引用します。

「恐竜時代以降、一年間に絶滅した種の数を調べてみると、恐竜時代は一年間に〇・〇〇一種、一万年前には〇・〇一種、一〇〇〇年前には〇・一種、一〇〇年前からは一年間に一種の割合で生物が絶滅しています。絶滅のスピードはますます加速され、現在では一日に約一〇〇種となっています。一年間になんと約四万種がこの地球上から姿を消しているのです。……現在もなおそのスピードは加速を続け、このままでは二五～三〇年後には地球上の全生物の四分の一が失われてしまう」

生物種絶滅を促すその主要因は農林業だと、前世紀から指摘されていました。そのことを私が知ったのは今から二十数年前、前職の農学校で「有機農法論」を開講したころです。「有機農業を普及させねば」と思った大きな理由の一つでした。

農林業のどのような行為が種の絶滅につながったのか。森林樹木を伐採して（日本は木材を大量に輸入する）その跡を農地にする、開発にともなって縦横に道路をつくる、大規模なモノカルチャー（単一作物の栽培）を行う、大型機械で頻繁に耕耘する、除草剤散布で草を生やさない、化成肥料を多投入する、化学合成殺虫剤を大量に散布する、などの行為がそれにあたります。

こうした農林業の悪影響から脱する方法は、誰でも想像できるでしょう。すでに世界中が行動を起こしています。森林率が大きい日本は木材自給に舵を切ること、すみやかに有機農業に転換し、次に環境再生型有機農業に移行することです。

生物種の絶滅は、私たちのくらしにどのような影響があるのでしょうか。直接的には生物資源、遺伝子資源の減少のことがあるのですが、もっと根本的な問題として「野生生物種の減少が進むことにより、密接に関わり合った様々な生物種の相互関係により成り立っている地球環境が崩壊し、人類の生存そのものが危うくなる」（山形大学環境保全センター）ことが重大なのです。

一例をあげてみましょう。樹木や草花、果樹や野菜などの花粉を運ぶ「花粉媒介昆虫」（送粉者）の減少が危ぶまれています。花バチ類が主役ですが、花アブ、チョウ、甲虫のハナムグリなどもいます。今世紀初頭からミツバチの激減が世界各地で話題になりましたが、個体数の激減はミツバチに限りません。ミツバチをはじめとする花バチ類は、日本だけでも四〇〇種を超えるそうですが、個体数減とともに種の絶滅が進めば山野の植生に重大な影響が及びます。

送粉者の農業への経済効果（送粉サービス）が試算されています。農業環境技術研究所（現在の国立研究開発法人「農研機構」）による推計では、二〇一三年時点で四七〇〇億円（うち三三〇〇億円は野生昆虫による）で、作物栽培農業生産額の八パーセントだといいます。円安が進んだ今なら七〇〇〇億円相当。全世界のそれは五七兆円（今なら八五兆円くらい）です。すなわち、昆虫世界の大異変は、そのまま農業への大きなダメージになるのです。

わが家の庭に数種のバラがあって、五月になるとたくさん咲きほこります。以前は、バラの前に一〇分も立っていると数種～一〇種くらい、大小の花バチがたくさんやってきました。名も知らない三～四ミリメートルの小さなハチから、日本ミツバチ、大きなマルハナバチやクマバチ、花アブまで次々と飛来して、見ていて飽きなかったものです。それが、一〇年くらい前から数が激減しました。五年前、好天の日の午前なのに、一匹も来ない日がありました。まさに『沈黙の春』（レイチェル・カーソン、一九六二年）が現実になった、と思いました。

春のカボチャ、ズッキーニなどは、かつては野生バチが授粉してくれて農家は「自然に着果する」と信じて疑いませんでしたが、近年は人工授粉が必要になりました。熟練のカボチャ栽培農家の「ハチがいなくなった」のつぶやきに、生物多様性の危機が現実になったと思わざるをえません。

窒素とリンの環境汚染

農業生産が直接的に関わる三つ目の環境問題が、窒素とリンの環境汚染です。人が投下した窒素とリンが、自然界で循環する量を大幅に超えたことで、主に水圏の生態系を損なってしまいました。主に化成肥料の過剰施用が原因で、地下水や河川を通じて湖沼や近海に流れ出た窒素やリンが湖水や海水の富栄養化をもたらします。過剰な栄養が藻類の大発生を起こし、その結果として水中の酸素欠乏や、硫化水素などの有毒物質が発生し、水中の生きものに大きなダメージが及ぶのです。海洋の汚染は、気候変動による海水温の変動と合わせ、漁獲量の激減につながっています。

一九六〇年から二〇〇〇年までの四〇年間で、世界の人口は三〇億から六〇億へと倍増しました。この間の穀物生産量も倍増して必要な食料をまかなってきました。これを可能にしたのが窒素化学肥料でしたが、使用量は一〇〇〇万トンから八〇〇〇万トンに激増しました。窒素成分量でみると、年へクタール（一万平方メートル）あたり九キログラムから六〇キログラムへと六・七倍に増加しています。最も増加が著しいのがアジアで、五キログラムから九七キログラムへと一九倍に増えました（日本土壌肥料学会編『世界の土・日本の土は今』二〇一五年、農文協）。

「作物収量を二倍にするのに、施肥量二倍ではすまなかった」その理由を突き詰める必要があります。化成肥料の施肥設計（栽培作物ごとに必要成分量を計算する）では、大気中や地下水に発散ま

図表6　作物別の無機態窒素供給量、窒素吸収量、余剰窒素量

作物	無機態窒素供給量	窒素吸収量	余剰窒素量
	kg/10a	kg/10a	kg/10a
セルリー	95.8	22.6	73.2
ナス	64.3	16	48.3
チャ	62.8	27.8	35
トマト	32.1	10.1	22
ホウレンソウ	22	6.3	15.7
ハクサイ	31.5	13	18.5
キャベツ	33.8	21.7	12.1
タマネギ	24.8	9.3	15.5
スイカ	16.1	7.2	8.9
ジャガイモ	15.6	7.4	8.2
ダイコン	13.3	9.4	3.9
水稲	9	9.6	-0.6

引用：前田守弘「硝酸態窒素による地下水汚染と肥培管理」（圃場と土壌、2004.7）

たは漏れ出るロスを見込んで作物吸収量を超えた量の肥料を投入します。この施肥効率が、一九六〇年の七六パーセントから二〇〇〇年の二四パーセントに劇的に低下したのです。作物に使われなかった肥料成分は年々増え、環境汚染を拡大してきました（図表6）。

化成肥料の便利さになれた生産現場は堆肥投入を怠るようになり、あるいはトラクター耕耘と除草剤によって土壌中の有機物量を大きく減退させました。土壌有機物（腐植）の減退が施肥成分の保持力低下を招いて施肥効率が下がり、結果的に加速度的に化学肥料投入を増やすことになったのです。

リンは少し経過が異なります。農地から直接の漏出に加えて農産食品中のリンが人の身体を経て下水中に排出されています。窒素とリンの地下水、河川への流出が最終的に海洋へと流れ、

その人為的な流出量は後戻りできない規模になりました。投入量を増やせば収穫量も増えるだろうという、単純な工業生産的な発想が問題を深刻化させたのです。可能な限り問題を修復する方法は、化成肥料からロスの少ない有機肥料への大転換と「施肥から土づくりへ」の意識改革です。

わかりやすい身近な問題があります。関東地方で一般的に使われていた浅井戸の多くが、一九七〇年頃から飲用不可として使用を制限され、市町村単位で掘られた深井戸から配水される上水道に替わってきました。それまで金のかからなかった自家井戸水が使えなくなって、水道代を払わされるようになったのは、化成肥料の多投入のせいです。浅い地下水の富栄養化によって大腸菌などが増えて衛生上の問題となったのです。農業のやり方を間違えたことで、貴重な天然資源である清浄な水を失いました。汚染地下水を浄化して再び清浄な水を取り戻したい。そのためには、化成肥料をやめること、有機物による土づくり農業に転換することが必須の条件です。

農地土壌の劣化

農業生産が直接的に関わる四つ目の環境問題は何か。

二〇一五年、国連食糧農業機関（ＦＡＯ）は「すでに世界の土壌資源の三三パーセントは劣化していて、新たな取り組みを始めないと二〇五〇年には一人当たりの耕作可能地は、一九六〇年水準の四分の一になる」と警告しました。このままでは土壌劣化がさらに進み、世界の農地の大半が病むことになるといいます。深刻な状況に対策すべく、国連は「国際土壌の一〇年」（二〇一五～二〇二四年）プロジェクトを始動させましたが、もはやその最終年になりました。

土壌劣化はなぜ起こったか。その要因と劣化の様相は次のようなことです。

- 酸性雨、乱開発による「森林の多様な機能の低下」
- 頻繁な耕耘、除草剤による「土壌侵食の拡大、表土の喪失」
- 大型機械の踏圧、化成肥料による「土壌硬化」
- 化成肥料、灌漑農業の継続による農地の「塩化、アルカリ化」

結果として、土壌に貯留された炭素の減少（有機物分解によるCO_2排出）、土壌生態系の劣化、農業生産性の低下につながり、人口増に対応すべき食料増産がきわめて困難になってしまいました。

農地の扱い方の間違いは、「投入の増加によって産出の拡大を図る」という工業技術論をそのまま農業生産に適用し、その農法を一〇〇年近くも無反省に続けたことにあります。トラクター耕耘の常態化、化成肥料依存、除草剤の連用、雨の少ない地帯での灌漑農業など、まさに工業技術由来の農業技術が主流となって、人の目も手足も「生きた土」から遠ざかってしまったことが土を壊した要因です。土の中の生きものと有機物のはたらきを軽視したことが問題のもとなのです。

土壌劣化は、結果的に化成肥料のますますの多投入を招いて窒素・リン汚染につながりました。作物生育の不調を招いて化学合成農薬の使用量を増やしました。土壌劣化はさまざまな環境問題と根っこのところでつながっているのです。

土とは何か、かつての農民は生物多様性に満ちたダイナミックな存在であることを知っていました。そこに立つ人の目の高さ、しゃがんで作業する人の手の位置からの理解でした。ところが、大型でキャビン付きのトラクターやコンバインの運転席から見下ろすようになって、土の理解を損なってしまったのです。時には地下足袋姿で鍬を持ち、手作業しながら土と対話する機会を持つといいのです。土が語りかけてきます。尊重すべき「生きた」存在だとわかるはずです。

こうした土壌劣化は日本の農地でも進んでいるし、その前に食料や家畜飼料、木材の大量輸入が輸出国の土壌劣化を促していることを国民は知らなくてはなりません。為政者はもちろん、知らしめるべきマスコミの責任も重いのです。

さて土壌のこと、今や皮肉にも農業者より家庭菜園者の方が意識が高いかもしれません。しゃがんで手作業をしますし、家庭菜園誌で農家以上に学ぶ人が多くなっています。

除草剤の罪

除草剤の、環境生物への影響がとても気にかかります。今や、畑地や住宅周辺で使う除草剤が、日用品を扱う町なかのＤＩＹ店やドラッグストアで難なく買えてしまいます。テレビでも「根こそぎ枯れる」などと消費をあおり、ネットで誰でもいつでも買えるこの風潮がとても気がかりですが、危惧（きぐ）する声をあまり聞きません。

関東平野の農村部では、田畑の周辺は高齢農家でも草刈りの努力を続けていて、除草剤使用はまださほど目立ちません。しかし、北陸、中部地方などの中山間地では、緑なのは作物だけで、夏季でも畦畔(けいはん)や路肩が茶一色の光景が目立つようになりました。傾斜のきついのり面など、草刈り作業の難しい場所が多いからです。農業人口の減少と高齢化が除草剤使用に拍車をかけているように思えます。

農地の周辺に生える草を食草にする昆虫はとても多いと聞きます。農家が定期的に草刈りすることで生える草種が固定され、草丈も低く維持されます。そうした特異な環境に生息し繁殖地とする昆虫種にとっては、除草剤は種としての生命線を絶たれるに等しい。長く人の農耕社会と共生してきた生き物が、人の行為の変化で死に絶えるのです。

草がなくなると、地中の生き物も生きられなくなります。ミミズはいなくなり、微生物相も貧弱になります。それは、振りまかれた除草剤成分の分解、解毒化も進まなくなることを意味します。地中残留は増える一方でしょう。

草がないと田畑ののり面が崩れやすくなります。大雨で崩壊する被害も増えるとともに、未分解の除草剤成分が流れだして河川に至り、水圏の生きものにも影響を及ぼすにちがいありません。中山間地は上流域でもあります。いずれ下流域の人社会にもダメージが及ぶのではないか。除草剤成分の水中残留が心配になるのです。

除草剤使用に抵抗感がない日本の農業のあり方、人々の無関心に極大の懸念を表明したいと思います。除草剤成分の農産食品への浸透・残留も気になりますが、それよりも環境生物への悪影響がとても大きいことを訴えたい。生きものへの影響は、いずれ近い将来、私たち人社会に大きなしっぺ返しとなって現れることでしょう。

そもそも除草剤は農協が売っています。その悪影響を知らないのかとあきれてしまいます。昆虫の生息が減ると、食物連鎖のピラミッドが崩れます。その影響の大きさは計り知れないのですが、人々はまだ無自覚のようなのです。

別の視点として、農作業の労働対価が低すぎる点も、草刈りを嫌って除草剤に頼る理由の一つでしょう。環境問題の無自覚と併行する課題です。環境問題への対策として、農家への十分な所得補償が必要なのです。

除草剤成分「グリホサート」毒性の人体への影響、残留量の多い輸入コムギ、ダイズ、トウモロコシ等の問題は話題になることが多いのですが、環境生物への影響を指摘する声の少ないことが、私には気がかりです。

鶏糞と生ゴミ

もう一つ、農業関係者がすぐにでも対策しなければならない課題があります。身近にある貴重な有機物資源をうまく活用できないで無為に廃棄し、しかもその廃棄過程で大量のCO_2を排出してしまっていることです。

三〇年間の有機農業とのかかわりで、私はとても有効な有機肥料素材が身近にたくさんあることを知りました。ところが、慣行農業では使われていないために大量に廃棄され、化石燃料を使って焼却処分されているものがあるのです。鶏糞と生ゴミです。

日本人の卵好きはよく知られています。卵は物価の優等生といわれて長く安く供給されてきました。その背景に数万～数十万羽飼養の大規模養鶏があり、養鶏場からは日々大量の鶏糞が排出されています。

この鶏糞は、乾燥・発酵工程を経て軽量化され、その先は大部分が廃棄物処理業者の手に渡って焼却処分されるといいます。ブロイラー養鶏の鶏糞についても同じですが、有機肥料としてはごくわずかしか流通していません。鶏糞の一部は養鶏場の暖房用燃料として利用されるといいますが、鶏糞単体では燃えないので化石燃料に混ぜられるのでしょう。

乾燥または発酵鶏糞の含有成分は、窒素三～四パーセント、リン酸三～五パーセント、カリウム三パーセント前後、カルシウム四～九パーセントと、有機肥料としてとても効果的な資材です。にもかかわらずこれまで農業利用がとても少なかったことが残念です。廃棄過程で温室効果ガスを排出していることを反省し、積極利用に転換すべきです。

もう一つが生ゴミです。学校、病院、福祉施設、ホテルなどの調理現場で発生する生ゴミは、近年は「生ゴミ発酵処理機」で軽量粉末化できます。こうした生ゴミ処理物も、理想的な有機肥料素材です。含有成分は鶏糞よりやや少なめで、米糠（こめぬか）の成分含量に近い。魚の骨や卵の殻など、ミネラル成分も多く含まれ、有機肥料として理想的な資材です。ところがやはり、鶏糞同様にほとんどが焼却処分されているというのです。農業利用は鶏糞以上に少ないのが実情です。

生ゴミ処理機をうまく使いこなせない給食施設が多くて、水分たっぷりの生ゴミをそのまま廃棄物処理業者に手渡す例が多くなったとも聞きます。水気を含んだ生ゴミの焼却には、生ゴミ一トンあたり七六〇リットルの重油が必要で、燃やすと二〇五〇キログラムのCO_2を発生させるといいます（ほとんどが重油由来）。各給食施設で日々発生する生ゴミの重量に重油単価を掛け算して経費試算してみることをお薦めします。発生CO_2量も計算して知る必要があります。生ゴミ処理機を使いこなし、処理物をぜひとも地域の農業で利活用してほしい。地域農政の責任の一つです。

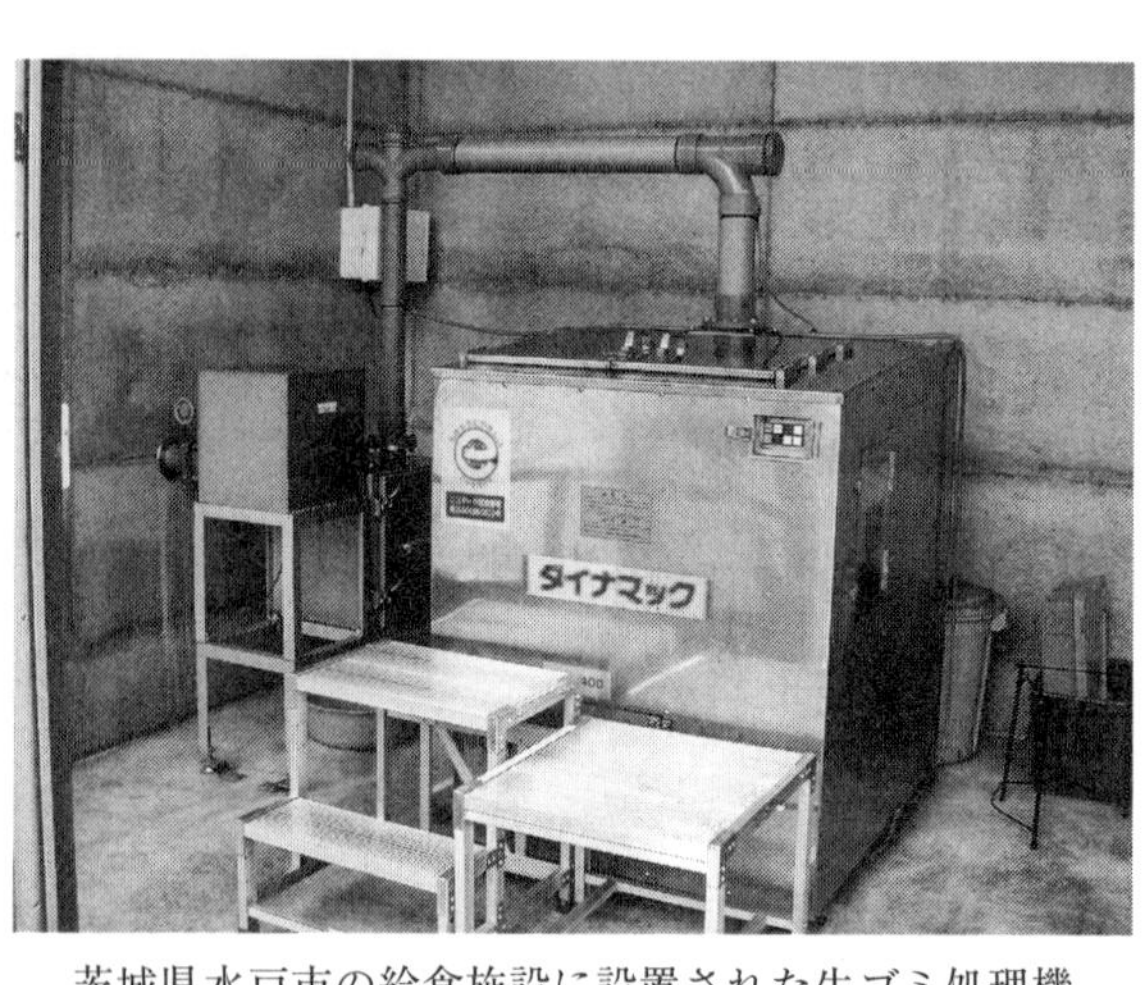

茨城県水戸市の給食施設に設置された生ゴミ処理機

家庭排出の生ゴミは、三〇～四〇年前から市民の手で収集し堆肥化するという熱心な活動が全国にありましたが、いずれも参加市民の高齢化で活動が途絶えてきています。私も一時この活動に関わっていたことがあるので、残念でなりません。

真水の危機

現代人が未来人のために残すべきものに、地下資源があります。現代の繁栄は鉱物資源の先食いに依(よ)るものであり、未来人からはその罪を糾弾されるにちがいありません。農業についていえば、肥料資源のリン鉱石やカリウム原石などについて、いずれきっと責任を問われるでしょう。

もう一つ、特に日本人が知らなくてはならないのは「水」のことです。たとえば、日本が世界中から買い漁(あさ)っている食料、家畜飼料などの農産物には一定量の水分が含まれています。その生産過程ではさらに多くの水を必要とします。結果的に私たちはこうした農産物輸入によって世界中から大量の「真水を奪っている」のです。バーチャル・ウォーターといいます。

二十数年前、ＪＩＣＡ（国際協力機構）の依頼で南米のチリとパラグアイに派遣されたことがあります。青年海外協力隊員の現地指導として、東京農業大学、八ヶ岳中央農業実践大学校の先生と三人で二週間の旅でした。チリは当時ひどい旱魃(かんばつ)。大地は乾ききって草は枯れ、歩く足元で土埃(つちぼこり)が舞っていました。協力隊員指導の途中でワインブドウの畑を案内された際、経営者が「水不足でブドウが枯れる恐れがある」と厳しい顔で話してくれました。

日本はチリから大量のワインを輸入しています。結果的に、かの国から貴重な真水を収奪していることになるのです。チリでのこの経験は、輸入農産物すべてに関わる「水の問題」に思い至る契機となりました。日本人の一人として、その責任を自覚できたことを奇貨と思っています。

北米の穀倉地帯は深層地下水に依存しています。この地下水が涸れ始めています。一五〇〇年かかって地下に溜まった水を、その九倍の速度で汲み上げて農地に散水しているのです。すでに最近の一〇〇年で過半の水が消費されました。あと数十年で涸れあがるといいますが、完全に涸れる前に穀物栽培ができなくなるとわかっています。日本は近い将来、アメリカから穀物を買えなくなるのです。このことは、ブラジルやオーストラリアなどにも通ずる問題であり、日本は食料輸入ができなくなる日を覚悟しなくてはなりません。国内自給を増大できるかどうかが、未来人の命に直結する大課題なのです。

気候危機により、世界各地で厳しい旱魃に見舞われるようになりました。関連して大規模な山林火災が各地で頻発しています。アマゾンの奥地で大河の水が減ってカワイルカが死に、中国で大きな湖が干上がって漁船が船底をさらしている映像が流されました。世界中で真水の危機がいわれる今、農産物輸入大国日本は「水収奪」の責任を自覚すべきだし、巡りめぐっていずれ私たちの食卓を直撃すると覚悟しなければならないのです。

第４章　有機農業から環境再生農業へ

世界は急速に有機農業への転換を図っています。その目的は環境問題に対処するためであり、同時に食料生産を安定化させるためです。人口増加に対応できる持続的な食料確保には、環境保全が最大の基盤になるからです。

この章では、有機農業に転換する意義は何か、さらには環境再生型農業に進むべき方策を探ります。有機農産物を付加価値食品だとして商業利用するのではなく、万民の基本食として定着させるべきことを述べます。

有機農業に転換する意義

化成肥料をやめれば環境への負荷は減るのか。有機肥料だと温室効果ガスは減らせるのか、窒素とリンの投入量は減らせるのか。きっと、そんな疑問を持つ人は多いでしょう。一つひとつ確認してみましょう。

化成肥料は、その原料となる鉱物の採掘、海を越えた輸送、工場での肥料製造の過程で大量のCO_2を排出します。畑に入れた化成肥料が多すぎて作物に吸収されずに窒素やリンが余ると、流れて水圏に至り、富栄養化で水生生物に悪影響を及ぼし、さらに水圏からN_2O（亜酸化窒素）の発生につながることも前に述べました。温室効果ガスのことについては、農水省の試算によると、有機農業に転換することで〇・九三トン／ヘクタール／年（CO_2換算）の温室効果ガス排出を減らせるといいます。

図表7　環境ごとの窒素固定量

生態系	年間10a当たり窒素固定量
ダイズ栽培土壌	5～10kg
クローバ栽培土壌	10～20kg
サトウキビ根圏土壌	最高6kg
水　田	3kg
アカウキクサ栽培地	6～12（最高45）kg
牧草地	1.5kg
森　林	1.0kg

窒素固定菌のはたらき
（高橋英一 1982, Bums & Hardy 1974 から引用）

三〇年くらい前、私が有機農業技術の研究を始めたばかりのころ、あちこちの有機農家を訪ね回って新鮮な驚きを感じていました。その驚きの一つが施肥量の少なさでした。実際の投入量は一〇アールあたり堆肥数トンであったり、ボカシ肥料数百キログラムだったりでしたが、その含有成分量（窒素やリン）を目算すると慣行農家のそれの半分以下、農家によっては三分の一程度の投入量でした。慣行農家というのは、化成肥料や化学合成農薬を使う栽培（慣行栽培）を行う農家のことで、有機農家の対語として使われます。今も農家の大多数は慣行農家です。

すなわち、化成肥料と比べて有機肥料の施肥効率がけた違いに高いことを知ったのです。投入成分量が少なくても、有機農家の作物生育、収量は慣行農家と遜色ありませんでした。有機農家によっては収量が慣行農家の三分の二くらいのことがあります。しかし施肥量を聞くと、ほとんど無施肥に近い少肥だったりしました。収穫物に含まれるタンパク含量から逆算すると、その施肥効率が一〇〇パーセントを超える例もありました。

その秘密はこうです。無農薬と有機物投入の組み合わせでは、農地土壌内の生態系が豊かになります。大気中の窒素ガスをアンモニアに変換する「窒素固定微生物」も増殖してそのはたらきを高めるので、農地内に窒素栄養が増えるのです（前ページの図表7）。田んぼでも畑でも、窒素投入量を減らせることが有機農業の神髄の一つなのです。化成肥料は窒素固定微生物のはたらきを弱めることも知られています。

リンはどうか。やはり投入量を減らせます。土壌中のリンの大半はアルミニウムや鉄と化合して水に溶けない形で存在しています。そもそも熔リンとか過リン酸石灰などの肥料を土に入れても、その九〇パーセントくらいは即アルミニウムなどと結合して不溶性になり、作物には使えなくなります。結果的に、これまで長年投入されたリン酸肥料は農地土壌に大量に蓄積されているのです。

堆肥など有機肥料を投入すると土壌中で有機酸を生成させます。蓄積された不溶性のリンを、この有機酸が少しずつ溶かし出すのでリンの肥効が高まるのです。堆肥中のリンも効率よく使われます。すなわち、有機農業では作物のリン利用効率が格段に高くなるのです。また窒素もリンも、有機肥料施肥による環境流出・汚染は、化成肥料に比べてとても少ないことも特長です。

カリウムやカルシウムはどうでしょう。慣行栽培では、化成肥料として常に一定のカリウム成分を投入してきましたが、近年カリウム過剰害が指摘されています。日本は化成肥料の原料を一〇〇パーセント輸入に頼ってきましたが、有機農業に転換すればまったく必要ありません。すべて身近な有機物から利用できる成分なのです。

カルシウムも同様に身近な有機物資源や廃棄物から調達できます。作物栄養の供給方法は、化成肥料をやめて早急に有機肥料に大転換しなくてはなりません。日本には、有機肥料として使える有機物が無尽蔵にあります。農業指導機関には、その利用技術を整えて普及する責任があります。課題として、「有機農業を指導できる人が足りない現状」を早急に打開しなければいけません。

生物種の絶滅を止める

有機農業に転換すれば、生物種の絶滅は防げるのか。この疑問にも答えなければなりませんが、「農薬を使わなければ農地内外の生きものが死ぬことはない」というような単純な問題ではありません。

まず一つ目として、土の生命力について考えてみましょう。数十年前の研究成果によると、畑地の土壌内には一〇アール（一〇〇〇平方メートル）あたり約七〇〇キログラムの生物がいるといいます。有機栽培土壌ではなく化成肥料、農薬を使う畑の土の中にです。七〇〇キログラムの大半は微生物で、動物は五パーセントくらい。畑の作物根の大部分が接する土の深さを二〇センチくらいとすると一〇アールの土の重量は約三〇〇トン。重量比だと生物はその〇・二パーセントちょっとですが、軽トラック二台分くらいの生物が土の中にいると考えると、土の生命力が想像できます。

まずは化成肥料の影響。直接的な弊害というより、無機質肥料の施用だけで有機物による「土づくり」を怠ると、土壌生物の生息量が抑制されます。土壌生物への栄養供給が途切れ、生息環境の悪化があるからです。次に、化学合成農薬（殺菌剤、殺虫剤、除草剤）は直接的に土壌生物に大きなダメージを及ぼします。化成肥料を使わずに堆肥など有機肥料に代え、農薬を使わない有機栽培に転換すれば土壌生物は生息量、種の多様性ともに大きくなることが証明されています。

二〇一八年、国立研究開発法人「農研機構」が、有機農業研究プロジェクトの成果をわかりやすく紹介した「有機農業の栽培マニュアル」という冊子を出しました。成果として「有機栽培の圃場では土壌動物が多くなります」「微生物量（も）、有機栽培で多くなります」と説明しています。

また、稲の育苗で、（殺菌していない堆肥などでつくられている）有機育苗土では微生物の多様性が高くなり、抗菌活性（病原菌などを排除する能力）を持つ微生物や、作物の（病害）抵抗性を導き出す微生物が存在するなど、なぜ農薬を使わなくても栽培できるかの「謎の解明」につながる成果を紹介しています。

土の生命力の指標としては、ミミズのはたらきがとても重要です。ミミズがたくさんいるかどうかは、田畑で作業している農家には日常的に知ることができます。ミミズは土の物理性、化学性、生物性を最適にし、作物の病害虫を減らす働きも大きい。むしろ土の「土らしい性質」はミミズがつくっているといってもいいくらいです。

福島大学教授の金子信博さんは土壌生物の専門家ですが「有機栽培の畑なら必ずミミズがたくさんいる、とは限らない」と言います。有機栽培の中にも多種多様な農法があり、すべてが土壌生物を豊かにできるわけではないのです。農研機構の研究も、ごく一部を解明したにすぎません。生きものと今まで以上に共生し、その力をうまく活用できる新たな有機農業技術へと発展させなければなりません。

図表８　水田における栽培方法と生物群の多様性との関係

生物群	栽培方法間の比較
レッドリスト植物	慣行＜農薬節減＜有機
アシナガグモ属	慣行＜農薬節減＜有機
アカネ属	慣行＜有機
トノサマガエル属	慣行・農薬節減＜有機
水鳥	有機栽培の水田が多い地域ほど多い

出所：2019年8月28日（国）農研機構プレスリリース「(研究成果) 有機・農薬節減栽培と生物多様性の関係を解明」より

有機農業に換えれば生物多様性は守られるのか。次は、地上部の生きものについて考えてみましょう。私は過去三〇年間、自身の有機栽培の畑のほか、有機農家の田畑を数多く見てきました。慣行農家の田畑も同時に観察してきたので、地上部の生きものの違いはよく分かります。

有機水田の特徴としてクモがとても多いこと、田んぼの上を飛ぶツバメの多いことをまず指摘します。初夏の早朝に有機の田んぼを透かし見ると、稲の葉先に朝露に濡れた無数のクモの巣が見えます。一方、慣行栽培の稲田では殺虫剤で虫が減ってクモのエサが不足します。そもそもクモ自体も殺虫剤にとても弱いのです。

有機水田にはさまざまな昆虫が繁殖して、それを捕食しようとクモの他、トンボ（ヤゴ）、カエル、ツバメが増えます。水中にはミズスマシ、ゲンゴロウ、ミズカマキリ、時にはタガメまで水辺の昆虫が湧き出るように増えます。虫やカエルを食べようと鳥のサギやヘビも有機水田に集まり、さながら生きものの楽園のようになります。有機水田では生態系が豊かになることを、「農研機構」が研究成果として紹介しています（前ページの図表8）。

畑でもクモとカエルの存在が際立ちます。多くの有機農家の畑は、慣行農家の畑と比べるとやや雑草が多いことが特徴です。雑草は繁茂し過ぎると作物生育を損ない収量を減らす厄介な存在ですが、適度に生やすことで畑地の生物多様性に貢献します。害虫も混じるのですが、害のない「ただの虫」が多くなり、それらを捕食する「天敵」も増えます。アマガエル、トカゲも増えます。

有機の畑で作業しているとクモの巣に上半身を搦めとられることがあります。足元では徘徊性のクモがたくさんチョロチョロとはい回ります。カマキリ、クサカゲロウ、テントウムシ、ゴミムシの類をそこら中に見ることができます。慣行栽培との比較では、まちがいなく生物多様性に優れる栽培法です。

有機作物栽培でも、生物性に関して大きく農法を二分できます。上記のような生物多様性を活用する有機栽培は「開放型」の露地栽培の場合です。もう一つ「閉鎖型」の施設栽培は、野生生物を一切侵入させない「環境遮断」によって害虫を回避するので、地上部の生物多様性とは無縁です。閉鎖型の有機栽培では自然生態系を活用するすべはなく、販売される天敵製剤（生物農薬）を計画的に使うマニュアルタイプの有機農法です。

露地栽培の有機の田畑も完ぺきに生物多様性を守れる保障はありません。多くはトラクターで田畑を耕して環境をリセットし、プラスチック資材も使います。限定的とはいえ、生きものにとって過酷な技術を有機農業でも使っているのです。生物多様性を守るためには、次のステップとして「環境再生型有機農業」を目ざさなければなりません。

環境再生型有機農業

土壌劣化は国域を越えて食料危機につながるおそれがあります。国連は「国際土壌の一〇年」（二〇一五〜二〇二四年）プロジェクトで、土壌劣化を止めて農地を蘇らせる活動に取り組みましたが、すでにその最終年を迎えています。

国連は「生物多様性の一〇年」（二〇一一〜二〇二〇年）の活動も行いました。生物種の絶滅が進んで生態系サービス（生物・生態系に由来し、人類の利益になる機能）が劣化すると、いずれ農と食への影響が大きくなるからです。こうした課題に、わが国の対応はとても鈍かったように思います。国民への周知も行政としての事業化にも目立った点が見られません。公的には、悪化しつつある自然環境の修復あるいは改善の行動にはつながっていないように感じます。

しかし嘆いてばかりはいられません。希望はあります。世界各国で多くの市民たち、農民たちが独自の取り組みを始めているのです。有機農業の技術（有機農法）も先へ先へと進化しています。

土の再生、農地の生きものの再生に寄与できる多彩な農法が生まれているのです。「環境再生型有機農業」（リジェネラティブ・オーガニック）あるいは「大地再生農業」といいます。日本でも研究者や若い有機農家の中に、積極的にこの農法に取り組んでいる人たちがいます。

環境再生型有機農業の手法、そのポイントは二つです。

一つは「不耕起栽培」です。これまで、トラクターで土を反転し（耕起）、あるいは強引にかき回して（耕耘）きたことで土壌内の有機物を急速に消耗させてきました。その結果、土壌生物の衰弱を招きました。有機物の分解が進むことで土壌内に蓄積された炭素がCO_2となって放出され、有機物不足が土壌侵食を進め、地力（生物を育む総合的な土の力）がますます失われます。だからまず、トラクターの使用をやめることが環境再生型農業の第一歩になるのです。

二つ目は「農地を裸にしない」こと。農閑期（作物が農地にない期間）は背丈の低いイネ科やマメ科の草を一面に生やすカバークロップ、あるいは雑草で田畑を覆います。土には常に植物が生えていることがとても重要で、植物根と土壌生物のダイナミックな関係が要点なのです。作物栽培時期はうね間に草を生やす「草生」（リビングマルチ）を行います。雑草を刈り込みながら使う方法もあるのですが、各種の緑肥作物を効果的に運用する技術が世界各国で試みられています。

環境再生型有機農業は「大地再生農業」とも呼ばれます。ドキュメンタリー映画「君の根は。大地再生にいどむ人びと」（パメラ・タナー・ボル監督、アメリカ）など、環境再生型農業に取り組む事例が、次々と紹介されるようになりました。作物栽培での試みのほか、家畜放牧と組み合わせた事例もあり、さまざまな取り組みに希望を見ることができます。

二〇二三年には、農文協の月刊誌『現代農業』が特集を組みました。わが国にも土の再生に取り組む農家が現れています。日本の事例では、小規模農家が多いことが特徴です。目と手の届きやすい小規模な「家族経営」が環境再生型農業に取り組みやすいのです。国連「家族農業の一〇年」(二〇一九~二〇二八年)プロジェクトとも連動します。

環境再生型有機農業研究の第一人者が、私の家のすぐ近くに住んでいます。茨城大学教授の小松崎将一さん。農作業学会、有機農業学会の重鎮でもあり、農業技術革新に大きな貢献をされています。また、私の教え子の若い農家夫婦が笠間市内で「不耕起有機農業」を始めて二〇二四年で五年目になります。彼らのチャレンジは明るい未来のための灯となるでしょう。成功を願ってやみません。

不耕起有機栽培の試行二四年

家の前の畑二反三畝(たんせ)(二三アール)を二〇二一年から借地して「自給有機菜園+実験圃場」にしています。五アールほどを資材置き場、堆肥場、育苗ハウスなどに使い、一〇アールちょっとが野菜園、五アールが無農薬果樹園です。

かつて農業専門学校の教員だったことから、私の有機栽培はつねに「実験」を伴います。人生初めての個人菜園を手に入れたこの機会に「果樹の有機栽培」チャレンジを始めました。ずっと自給果物に憧れていました。さらに、雑草の功罪を見きわめるための「除草か草活用か」の試行錯誤、コムギやヘアリーベッチ（マメ科緑肥作物）を使うリビングマルチの試行など、いくつかのお試し栽培を織り交ぜています。

ブドウ、柑橘などを植えたハウスの一画で、トマトは不耕起栽培をしています。トマトの不耕起栽培は、教員時代の二〇〇一年からずっと休まず続けています。続けている理由は、不耕起のメリットがとても多いからです。とにかく省力的で楽なのです。これまでの経験「知」を整理すると次のようになります。

・トマトは、不耕起栽培にすると地上部病害が少なくなる
・不耕起栽培でも収量が減ることなく、かえって増えることがある
・不耕起栽培でトマトの糖度がアップする、味が濃くなる可能性がある
・耕耘作業の省略、省力化で高齢の人でも無理なくできる

以上が、二三年間の不耕起栽培継続によって得た成果であり、自信を持って人にお勧めできます。方法を知ってしまえば、とても手軽なのです。

方法はこうです。初年目は、二条植え（畝に二列に苗を植える方法）にする畝の位置を決めて堆肥や有機肥料を畝幅に蒔きます。通路位置の土をすくって畝位置の有機肥料の上に被せ、低いかまぼこ型の畝にします。ここに苗を植えて、畝面と通路にたっぷりと藁を敷くのです。二年目以降は、畝の中央の藁をどけて浅い溝を切り、ボカシ肥料を入れて埋め戻します。どけた藁と通路の藁を畝

上に戻し、通路部分に新しい藁を補給します。苗の定植時、植え穴にたっぷりと灌水してから植えるだけで、その後の灌水はいっさい必要ありません。

敷き藁用に、私はコムギを栽培しています。前年夏に農協からクズ小麦数十キログラムを購入しておいて、翌年のカボチャ、スイカ栽培予定地それぞれに一一月、たっぷりとバラ蒔きしておきます。五月上旬のころ、背が伸びたコムギを刈り倒します。その一辺に畝を立ててカボチャ、スイカを植え、倒したコムギ藁の上につるを這わせるのです。

不耕起栽培６年めのミニトマト（茨城県水戸市）

トマトの敷き藁には、この刈り倒したコムギの一部を運んで使います。クズ小麦は、キュウリ、ナス、ピーマン、オクラなど果菜類の畝間にも苗の定植と同時にたっぷり蒔き、リビングマルチ（畝間草生）に使っています。

トマトの不耕起栽培は、二〇〇〇年当時、学生の「耕さないと野菜は育たないんですか？」の問いがきっかけで始めた試みでした。『農業および園芸』誌八〇巻三七六号（二〇〇五年）に成果の一部を発表しました。先駆的な試みだったと自負しています（前ページの写真）。

不耕起栽培は、二〇〇三年から露地ナスでも試みています。ボカシ肥料を施肥し、ロータリー耕耘後に畝立て黒マルチした一般的な有機栽培（対照区）との比較試験を行いました。不耕起区は、鍬溝にボカシ肥料を施肥して埋め戻し、敷き藁マルチしてナスを植えつけました。苗は、前年の切り株が残るすぐそばに植え付け、五年間連作で試験しました。施肥量の不足で年々収量が低下しましたが、不耕起のメリットがいくつか明らかになりました。

- ネコブセンチュウ害を回避できる可能性がある。不耕起によってミミズの生息が安定するためと推測している
- 「半身萎ちょう病」の発症を「抑制できる可能性」がある
- 収穫期間が伸び、生育の持続性を向上させる
- 省力性が顕著である

栽培する畑の条件によるのですが、当時は露地ナスでも不耕起栽培のメリットは充分あると結論しました。ところが、二〇二一年から始めた自給有機菜園でも二年間、ナスの不耕起栽培を試みましたが成功しませんでした。この畑全体に半身萎ちょう病菌が蔓延していて、耕して植えたナスも不耕起栽培ナスもうまく育たなかったのです。

半身萎ちょう病発症抑制効果は、植える畑によることがわかりました。生物の世界に「必ず」は

ありえなかった、ということです。土壌病害対策には不耕起だけでは不完全で、接ぎ木苗の利用が十分条件になります。

課題はまだまだありますが、トマトと同様、露地ナス不耕起栽培の経験知は、今後の有機農業技術展開の方向を考える上で大きなヒントになりました。土をどう扱うべきかの課題においては、すべての作物栽培で、①耕しすぎないこと、②土を露出させないこと、の二点が必須の条件になると考えます。

『現代農業』誌の特集記事で、福島大学教授の金子信博さんが、不耕起栽培の「よい効果」を次の三点にまとめています。

- 物理性の改善：耕さないことでトラクターの走行回数が減るため、耕盤層ができにくくなる。さらに、排水性や保水性が高まる。
- 化学性の改善：耕さないことで土壌有機物の分解が抑制され、土壌有機物の蓄積が促進される。土壌有機物はおおまかには農地の肥沃度の指標である。また、硝酸態チッソの溶脱が減少するのである。
- 生物性の改善：上記の変化を引き起こしているのは土壌生物の多様性や生息数の増加によるものである。耕すことは土壌微生物にとっては予期しないストレスであり、有機栽培であっても耕すことで微生物や土壌動物の生息数を大きく減少させている。

以上三点の指摘は、私の二四年間の経験と一致します。日本でも不耕起有機栽培は、老いも若きも農家の間で盛んに試行されるようになりました。実に喜ばしいことです。彼らの経験の積み重ねが次の時代を方向付けしてくれるだろうと思います。望むべくは農業指導機関の人々が、こうした試みに伴走し、共に試行錯誤を重ねる姿勢です。「不耕起栽培？　マニアック、もうからない」などと蔑視する指導機関は願い下げです。未来を見ようではないか、と訴えたい。

有機農産物に付加価値はありません

有機農業に関わるようになって、まもなく三〇年になります。三〇年前は、農協や行政関係者から「有機」の単語はほとんど、いや全く聞くことはありませんでした。三〇年後の今、県職員や農協の人が「付加価値のある有機農産物を」などと連呼するさまを見て、隔世を感じるとともに危うさを覚えます。

農水省の「みどりの食料システム戦略」（二〇二一年概要発表、二〇二二年法制化）がその発端でした。故あって求められている有機農業の本質を知らず、その自覚がなく、上っ面だけの推進姿勢に思えて気がかりです。ブームに乗っかっただけの姿勢はミスリードを生みます。

残念ながら多くの農業指導関係者が「有機農産物には付加価値があるから高値で売れる」などと軽々しくいうのです。しばらく前まで多くの自治体で、（有機農産物を含む）環境保全型農産物で「ブランド化」などと、経済効果をうたう道具にされてきましたが、ようやくここ二～三年はＳＤＧｓの表現に置き換わってきました。にもかかわらず、いまだに「有機＝高付加価値農産物」の認識から抜け出せないでいます。

有機農産物に付加価値などありません。有機農産物が、いまだ大勢を占める慣行農産物より若干高値で売り買いされるのは、①有機農家が原価から積み上げた適正価格を提示、②需要量に対して（国産有機農産物の）供給量が追いつかないための市場原理、③環境保全や健康への貢献に市民が評価、がその理由です。③が「付加価値に相当するではないか」という人もいますが、私の認識は違います。

そもそも、ベースとすべき農産食品を慣行農産物に置くから間違うのです。慣行農産物は、化成肥料や化学合成農薬という余計なものを付加したために、「本来の農産物」の価値を貶（おとし）めてしまったと考えるべきでしょう。化成肥料の多用が地下水や河川を汚染し、農薬が生物多様性を損ない人の健康被害を生んできたのですから、「慣行農産物は適正な価格を提示できないマイナス価値」のしろものなのです。有機農産物は「本来のありのままの農産物」であって、ただ普通の米、ただ普通のキャベツなのだと考えるべきです。

有機農産物に付加価値があるなどと、商業主義の路線で語る弊害は大きいのです。付加価値評価は適正価格を大きく超す「プレミア商品」も生み出してしまい、そうなると一般市民の手が届きにくくなります。それでは本末転倒です。

有機農業を「オルタナティブ（もうひとつの）農業」などと呼ぶことがありますが、これも首肯できません。こういう言い方をするのは、ほとんどが非有機農業関係者でした。ベースを慣行農業に置いた認識ゆえです。有機農業こそ、人類が長年にわたって行ってきた「本来の農業」を受け継ぐ存在であり、有機農産物が本来農産物なのだと考えるべきです。

「有機野菜はおいしい」という消費者の声があります。それは、慣行栽培の野菜と比べて味が優れるという評価なのですが、その評価は科学的に説明できるのでしょうか。

食品の質を科学する農学者たちの研究結果は「差がある」、「明瞭な差はみられない」の二通りで、要は現時点では「はっきり言えない」ということのようです。そもそも「おいしさ」の感じ方は人それぞれでしょうから、科学者はその領域に踏み込みにくい面があります。

私はいわゆる研究畑の人間ではありません。三〇年来の実践者・技術者としての経験にもとづく私の意見は「有機野菜は味が濃くなる可能性がある」です。すべての有機野菜が必ずそうなると言えませんが、慣行栽培と異なる積極的な「土づくり」と適期栽培の条件内では、野菜の体内成分濃度が高くなり、味も濃厚になることが多い。それは高栄養価と高機能性成分を保証することにもつながります。長い経験と科学的な学びによる確信です。

その要因は次の三点であると考えています。

①有機物による土づくりで団粒構造が発達する。発達した団粒構造は保水性と排水性の両方を高める。すると植物の根は適度の吸水ストレスにさらされる。土づくりがうまくいった畑の有機野菜は、吸水力を強めようと浸透圧調整として体液の成分濃度を高める。

②有機物による土づくりで、土壌内に恒常的に有機酸が生成する。酸は植物体表皮にとって刺激物であり、有害である。対抗措置として植物は体表皮を硬くし、根は吸水を抑制し、生長に軽いブ

レーキがかかる。その過程で体液が濃くなるこの事実は、過去にトマトへの木酢液散布実験で確かめた。葉面散布でも根部への灌注でも果実糖度が高まった。影響を与えたのは酢酸である。酢酸が主成分の食酢でも、市販の酢酸液でも同じ結果だった。

③有機物施用で、土壌内にはアミノ酸が生成する。植物根は直接または共生微生物を介してアミノ酸を吸収できる。低温や日射量不足など生長にとって不利な条件でも根から入るアミノ酸など低分子の有機栄養が体内生成の成分を補完することで、食味を濃厚にする（可能性がある）。

有機野菜が慣行栽培野菜より味が良いなら「それは付加価値ではないか」という好意的な意見がありますが、私は同意しません。それは、有機野菜が本来の野菜の味であり、慣行栽培野菜が化学肥料偏重と化学合成農薬によって変質させられてしまった、と考えるからです。

考えてみてください。何度も頭からかけられたり根から吸わされたりする農薬（化学合成物質）に対して、野菜が何らかの反応を示すのは当然ではないでしょうか。化学物質への反応として、本来の野菜やくだものの味を変える可能性があります。有機野菜や有機くだものを日常的に食べている私や有機農家が、たまに慣行栽培の野菜やくだものを食べたときに、「えぐみ」や「苦み」、あるいは不快な風味を感じることがあります。日常的に慣行栽培の野菜やくだものだけを食べている人にはわからないかもしれませんが……。

化成肥料偏重と化学合成農薬が、野菜やくだものの味を不当に「まずく」してしまっているのではないかと、私は考えます。

第5章　有機農業とその技術

これまでの農業のあり方は、地球環境を悪化の方向に促す「負の役割」を担ってしまいました。他産業と連なって地球温暖化・気候危機に加担し、生きものの大量絶滅の主犯となり、農地の劣化と水圏汚染を進めて未来の食料生産を危機に陥れてしまいました。早急に農法を改めないと、すぐ目の前の未来人の食を保障できなくなります。

これまで重ねてきた「負の役割」を根本から反省し、できるだけ速やかに問題を正して危機から脱するために、低投入持続的農業すなわち有機農業に転換しなければなりません。

有機農業とはどのような農業か

有機農業を正しく理解し、その技術の適切な使い方を知る必要があります。うわべだけの知識で安易に進めてしまうと、「問題を正す」という目的を十分に果たせないかもしれません。現実の有機農業にもさまざまな手法があり、環境問題への対処や人の健康への貢献度はそれぞれ多様でピンキリです。有機農業とその技術について、このあと一つずつ分析し、解明してみようと思います。

日本の有機農業は、その芽生えは戦前からありましたが、大きな前進を示したのは一九七一年の日本有機農業研究会発足のころからです。農薬を使わず身近な有機物で土づくりし、水田稲作を含

愛読者はがき

ご購読ありがとうございます。出版企画等の参考とさせていただきますので、下記のアンケートにお答えください。ご感想等は広告等で使用させていただく場合がございます。

① お買い求めいただいた本のタイトル。

② 印象に残った一行。

(　　　)ページ

③ 本書をお読みになったご感想、ご意見など。

④ 本書をお求めになった動機は？
1 タイトルにひかれたから　　2 内容にひかれたから
3 表紙を見て気になったから　　4 著者のファンだから
5 広告を見て（新聞・雑誌名＝　　　　　　　）
6 インターネット上の情報から（弊社 HP・SNS・その他＝　　　　　　　）
7 その他（　　　　　　　　　　　）

⑤ 今後、どのようなテーマ・内容の本をお読みになりたいですか？

⑥ 下記、ご記入お願いします。

ご職業	年齢	性別
購読している新聞	購読している雑誌	お好きな作家

ご協力ありがとうございました。　ホームページ www.shinnihon-net.co.jp

郵便はがき

料金受取人払郵便

代々木局承認

3526

差出有効期間
2025年9月30日
まで

（切手不要）

151-8790

243

（受取人）

東京都渋谷区千駄ヶ谷 4-25-6

新日本出版社

編集部行

ご住所	〒 都道府県
お電話	
お名前	フリガナ

本のご注文は、このハガキをご利用ください。送料 300 円

《購入申込書》

書名	定価	円	冊
書名	定価	円	冊

ご記入された個人情報は企画の参考にのみ使用するもので、他の目的には使用いたしません。弊社書籍をご注文の方は、上記に必要情報をご記入ください。

めて多品目作物を栽培する有機農家が主体でした。作物栽培とともに鶏や山羊などを飼養する有畜複合農業も特徴の一つでした。

二〇世紀末から有機農法は多様性を増しました。土づくりか施肥か、耕耘するかしないか、草とのつき合い方など、さまざまな展開がありました。品目を絞って規模を大きくし、スーパーマーケットなどに量販する法人経営も増えました。資源活用のあり方、環境保全を考慮する姿勢も多様になりました。さて今後、二〇〜三〇年後を見すえて、より適切な農法はどこをめざせばいいのか、技術に焦点をあてて順次検証してみましょう。

求めるべき今後の農のあり方、より適切な有機農業の姿を明らかにするために、まずはその目的にかなう技術、農法の要点を整理してみます。有機農業技術の基本は次の五項目に集約できます。

①土づくり：「肥料で育てる」から「土が育てる」へ
②生物多様性の農地管理：地下、地上の多様な生物と共生する
③適地適作、適期栽培：無理をしない、自然環境と調和する
④耕畜連携、資源循環：身近な資源の活用、資源自給の姿勢
⑤促成を排す：あせらず、じっくり、ゆっくり育てる

では、作物栽培は、具体的にはどのようにするのか。以下に箇条書きにまとめます。

• 堆肥、発酵有機質肥料（ボカシ肥料）、緑肥作物などで土づくりする。「豊かな土が強健で良質な農産物を育てる」ことを知る。

・さまざまな作物種、緑肥作物などで輪作、間作、草生栽培などを行う。天敵生物誘導のための「額縁植物」「バンカープランツ」など多様な技術がある。
・畜産農家、作物栽培農家の間で有用資源の相互活用を行う。作物栽培しながら少数頭羽の家畜を飼って経営内資源循環する「有畜複合農業」もある。野草や落ち葉、生ゴミ、米ぬかなど身近な有機物資源で堆肥やボカシ肥料を自家調製するなど、資源自給の技術を持つ。
・旬の生産と供給を基本とする。それぞれの作物種に適切な時季、適切な生長期間がある。オフシーズンの施設栽培は有機農産物の特長を発揮できないことがある。

日本の有機農法は、戦後七〇年余、多くの有機農家の試行錯誤とその苦労によって積み上げられてきた貴重な技術資産です。後進の育成に資することを目的に、私はテキスト『解説　日本の有機農法、土作りから病害虫回避、有畜複合農業まで』（二〇〇八年、筑波書房、舘野廣幸さんと共著）を著しました。しかし刊行からすでに一六年余、一部内容は古びてしまいました。最新の情報にもとづいた新たなテキストが求められています。有機農業学会に新テキストの刊行を要請しています。

土づくり、土とは何か

土とは何か、土はそもそもどのようにしてできたものか、その成り立ちを知ることから始めなくてはなりません。生物のいる星、地球には土がありますが、生物のいない月には土がありません。

アポロ一一号のアームストロング船長が月に最初の第一歩を下ろした時、舞い上がったのは土ではありません。

「岩石が空気中で常に適当な湿りの中に置かれ、適当な太陽エネルギー（日光）を受けていると、最初にコケの仲間が侵入してくる。ついでそれが次第に増殖するにつれ、岩石の表面は少しずつ土になり、そしてやがて順次、高等植物がその上に育つようになる」「土は絶えず生成し、再生されていく過程を繰り返す」（前田正男、松尾嘉郎『図解土壌の基礎知識』一九七四年、農文協）。

すなわち土は、長いながい年月を経て生物（植物、動物、微生物）がつくってきたものなのです。つくられては変性し、壊れ消耗し、またつくられて積み重ねられて今の土があるのです。今この瞬間も新たな土ができ、厚みを増した土が地上の植物を支え育て、その植物を求めてさまざまな動物が生き死にと繁殖を繰り返しています。私たち人間は、その「土の恩恵」によって食物を授かってきたのです。

土の構成物は、次の三つです。

①岩石片、細かい砂、粘土鉱物など

②生き物（バクテリア、原虫、藻類、カビ類、センチュウ、ダニ、ミミズ等）

③有機物（生物遺体、動物排泄物、腐植）、すなわち枯れ木や落ち葉、枯れ草、虫の死骸、動物糞、根の老廃物などと、それらが分解されてできたもの

この三つの構成物が混ざり合って土になります。生きものを排除すると土中有機物の分解が進ん

図表9　土とは何か

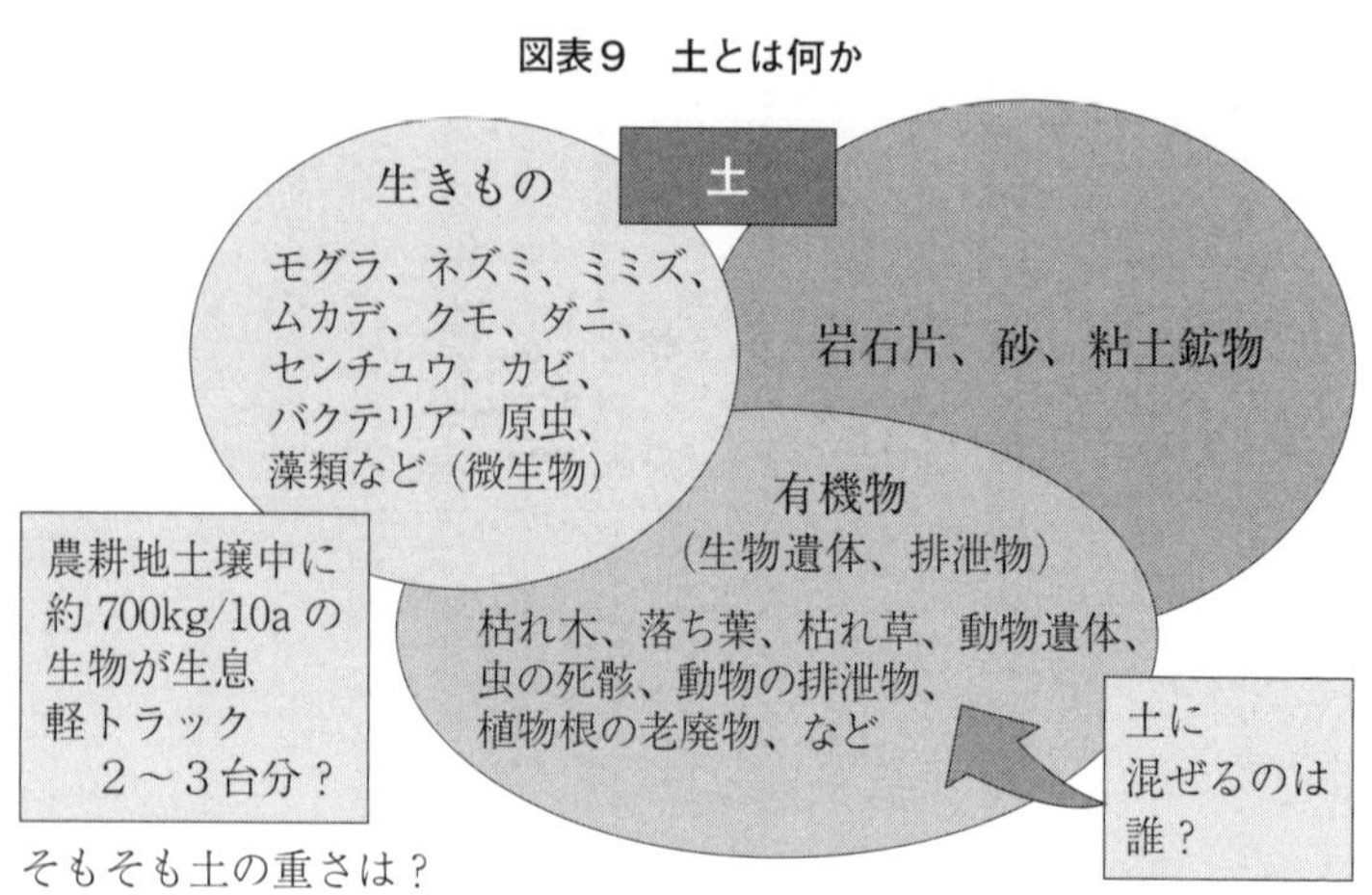

で消耗し、土の厚みが失われ、植物の生育条件を損なっていきます。生きものの増殖を促すとその遺体や老廃物が土の生成を促して、土は増え豊かになっていくのです。土の豊かさは、地上と地中の生きものの豊かさに依拠するのです（図表9）。

豊かな土が健康な作物を育てる最大の条件です。作物栽培のために、豊かな土を育てることが「土づくり」です。作物栽培は、そもそも耕す行為で土に負荷をかけ、あるいは壊してきました。その負の影響を少しでも小さくすること、できればより積極的に豊かな土を取り戻すことが、なにより求められています。

どのようにして土ができてくるか、その生成過程を知るには、腐葉土や堆肥をつくる経験が役に立ちます。そこで、腐葉土のでき方を再現してみましょう。落葉樹の落ち葉を集める過程で、落ち葉の下の「腐葉」が少量混ざって付いてきます。これは前年までの落ち葉が分解し始めたもので、その腐葉にはさまざまな微生物、クモ、小さな昆虫などが付いていて、集めた落ち葉の堆積山に紛れ込みます。後にこの堆積山に大きな昆虫、例えばカブトムシなども産卵します。落ち葉の分解の最初の段階は、まずこうした虫がはたらくのです。カブトムシやカナブンの幼虫が、落ち葉をモリモリ食べてくれます。

虫が葉を食べることで細断され、あるいは虫の糞に、次はカビが増殖します。虫の糞、カビの分解過程でできた分子量の小さな有機物に、次は酵母や放線菌、さまざまな細菌が取りついてさらに発酵分解が進み、腐葉土ができます。

腐葉土にするため落ち葉を集める

腐葉土には、虫によって細断された程度の葉片から放線菌や細菌による発酵過程を経た有機物質、さらには再合成された腐植（黒くて粘り気のある高分子化合物）までが混ざりあっています。色は黒くなり、しっとりと湿っていてほんのりと土の匂いがします。腐熟の進んだ腐葉土にはミミズも入り込みます。

新鮮な落ち葉には、タンパク質、デンプン、脂質はほとんど残っていません。繊維質と少しの無機養分だけの固い有機物ですが、虫はなぜそんな栄養の少ないものを食べるのでしょう。食べても自分の身体を養えないのではないかと、そんな素朴な疑問を覚えますが、実はここに土の栄養の秘密が隠されているのです。

人の住む家の根太や柱をかじる厄介な虫シロアリもそうですが、カブトムシの幼虫のお腹には、窒素栄養を作ることができる細菌が共生しています。空気中の窒素ガス（N_2）を取り込んでアンモニアに変換できる窒素固定菌です。幼虫が無栄養の落ち葉を食べると、お腹の中の窒素固定菌がセルロース（繊維）分解に協力して糖分を分けてもらい、お返しに虫にアンモニアを転換したアミノ酸を提供するのです。

たっぷりアミノ酸をもらった虫は、余分の窒素栄養を含んだ糞をします。栄養たっぷりの糞にさらにカビや細菌、単独で窒素固定をする細菌などがとりついて腐葉土を完成させていくのです。

このように、貧栄養だった落ち葉が、さまざまな生きものの連携プレーで窒素栄養を蓄えた腐葉土に変身します。この腐葉土中には、落ち葉の中に残っていたリンやカルシウムなどの微量のミネラルも、微生物のはたらきで水に溶けやすくなって含まれています。

森林や草原では、林床の落ち葉や枯れた下草が年々積み重なって天然の腐葉土が生成しています。こうして連綿と、次の世代の植物を育てる力をもった「新たな土」がつくられているのです。

腐葉土や堆肥をつくる際に、雨に左右されないように「ビニールフィルムをかぶせましょう」というテキストや、そのようにアドバイスする指導者がいますが、適切ではありません。フィルムを被せたら虫が入り込めません。腐葉土は、カブトムシが産卵すると一年半で適熟の腐葉土になりますが、カブトムシなどの昆虫が働いてくれないと三～四年かかります。

として使うのに適しています。

三〇年近く有機農業に関わってきた者としては、経験的に、家畜糞堆肥よりは自前でつくる植物質堆肥の方がより使いやすく、かつ作物栽培に適すると考えます。刈り草、野菜残渣（ざんさ）、生ゴミなどを野外に堆積し、雨にあてながら自然発酵させてできた堆肥は土に多めに入れても特段の害はありません。栄養成分もまんべんなく適量が含まれており「完全肥料」そのもの。有機栽培にうってつけです。

ただし、家畜排泄物が放置されると環境汚染につながるし、産業廃棄物として焼却処分などを行うと別の問題になります。必然的に広く薄く適切に農業利用しなければなりません。使い方の適正技術、農家の心得が課題であり、よき技術指導者が求められます。

日本土壌協会という団体があります。土壌の健全化や環境保全型農業の推進などを目的にしている専門家集団で、土壌医の認定も活動の一つです。この土壌協会が堆肥の優劣を確認する方法として「堆肥に直接コマツナの種を蒔（ま）いてみよう」と言っています。順調に発芽する堆肥が「いい堆肥」だというのです。

私はかつて、肉牛飼育の研究を行っている団体から「完熟牛糞堆肥です。お試しにどうぞ」と二トンほどを分けてもらったことがあります。農場の隅に積んだまま数年放置してしまったのですが、何年経っても草が生えません。本来の堆肥は熟すと黒くなり、しっとりと湿って少し粘りが出てくるものですが、この牛糞堆肥は茶褐色のままサラサラしており、ミミズも入り込みませんでした。

直接植物が生えることなく、ミミズにも嫌われるものが良質の堆肥であるはずがありません。全国の牛糞堆肥すべてがそうだとは思いませんが、えてしてそういう問題を孕むのが家畜糞堆肥なのです。

自前でつくる植物質堆肥には、そういう心配はありません。腐熟過程で自然に雑草が生え、いつの間にかミミズが大量に増殖します。堆肥をそのまま苗床の土として使うことができ、野菜は順調に発芽します。堆肥材料に草を使う場合はその種子が混じるので、苗床で草取りが必要になることが欠点といえば欠点ではありますが、その手間を惜しむのではなく、しゃがんで草取りしながら苗と会話する経験こそ貴重です。

野菜残渣、刈り草、生ゴミなどを野外に積み込んで数回の切り返しを行うと、暖かい時期なら三～六か月、冬場を経てつくる場合でも一年以内に黒く腐熟した良質の堆肥ができます。ポイントは積み込む量です。できるだけ大きな山にすることがポイントです。量が少ないと乾きやすくて腐熟が進みません。大山の嵩と重さが要点になります。

こうしてつくった堆肥は窒素含量がおよそ一パーセントくらいで、どこで誰がつくってもその窒素含量はほぼ同じになります。ＥＣ（電気伝導度）で〇・五前後になり安定します。完熟腐葉土のＥＣ値もだいたい同じです。ＥＣ測定は含有窒素量の推定に役立ちます。一万円くらいで簡易測定機が手に入るので、検査機関に頼まなくても農家が自分で農地土壌のおおよその栄養状態を確認できます。

ちなみに、野菜苗などを育てる苗床の土（育苗用土）のＥＣは種まき床で〇・五〜一・〇、鉢土で一・〇〜一・二が目安です。腐葉土や植物質堆肥を鉢土に使う場合はボカシ肥料などを少量混ぜると条件を満たせます。

植物質堆肥のつくり方は、次のページの写真を参考にしてください。堆肥場を準備して作業をルーティン化すれば、だれでも簡単にできます。

苗床の土をつくる

苗床の土、育苗用の土のことを、床土（しょうど、とこつち）とか、肥土と呼びます。育苗培土ということもあります。育苗用土にもっとも一般的に使われたのが腐葉土です。材料は落葉広葉樹の落ち葉のほかに、西南日本では常緑広葉樹の落ち葉が使えますし、海辺では松葉も使えます。落葉樹の落ち葉がやや早く腐熟し、常緑樹や松の葉は腐熟までに少し長期間を要します。しかし、いずれも最終的には十分使える腐葉土になります。

雪国では落ち葉を使えないことがあります。落葉するとすぐに雪に埋もれて集められなくなるのです。そこで、全国どこでも身近な有機物で育苗用土をつくれないか、いろんな材料で用土づくりを試してみました。結果、次の材料は有用で充分使えることがわかりました。

一つは稲藁（いなわら）。米糠（こめぬか）を少量混ぜながら堆積させて藁堆肥をつくります。乾燥藁を積んでも腐熟しな

植物質堆肥のつくり方

ナス、ピーマン、オクラなどの茎、トウモロコシなどを、山に積んで1年放置

周辺の雑草

野菜くず、生ごみ

モミガラ、稲藁、米糠、腐葉土など入手できる材料を加えて積む

3か月で堆肥が完成

いので、積みながら水をかけるか、あるいは雨にあてた濡れた藁を積むと、夏場であれば半年くらいで腐熟します。これをふるってそのまま用土にできますが、乾きやすいので赤土または田土を三分の一～半分量混ぜます。藁の腐熟過程で窒素固定菌が窒素栄養をもたらしてくれますが、野菜の苗には若干足りません。ボカシ肥料または発酵鶏糞（粉状）を少々混ぜるといいでしょう。

落ち葉も稲藁も手に入らない時は、雑草のメヒシバ（ハグサ）を刈り集めて使う方法があります。堆肥化、用土化は稲藁と同じです。性質は稲藁によく似ています。種子が混じらないようにするには、メヒシバがよく伸びる五月から七月末頃までの刈草を使います。夏の土用（立秋の前）を過ぎると種子をつけるようになります。期間中に三～四回刈り、半日乾燥くらいで集めて堆積し、秋まで数回切り返すと良質の腐葉土になります。結論をいえば、ムギ類、野生の葦（ヨシ、アシ）などイネ科植物はいずれも腐葉土になるだろうということです。

腐葉土

腐葉土づくりは、七〇代以上の農家ならおそらく誰もがつくり方を知っていると思うのですが、若い農村人には継承されなくなってしまったようです。とある地方の県の試験場研究員が室内のコンクリートの上で腐葉土をつくろうとしていて驚いたことがあります。この研究員、週末は自家の稲作に従事する兼業農家だったのですが。

先にも書きましたが、腐葉土づくりは落ち葉を集める現場の林床に堆積させてつくるのが本道です。その場の昆虫、微生物に作ってもらうのです。持ち帰ってつくるにしても、必ず野外の土の上でつくること。雨に当たる場所で、虫と微生物、ミミズが自由に出入りすることが必須の条件です。特にカブトムシなど甲虫が産卵してくれないと、順調に腐熟しません。そうしたごく常識的な知識が受け継がれない日本の農の現実を、関係者は深刻に受け止める必要があると思います。私は、有機農業を志す若い就農者には、ぜひこうした技術を伝えていきたいと思っています。

ミミズのはたらき

地球の表面に薄く存在する土は、実はとても繊細な構造物だといわれます。動植物と微生物のはたらきによって、常に生成と損耗を繰り返しています。その生成に最も大きなはたらきをしているのがミミズです。ミミズがいなくなると、土は土としての性質を失っていきます。世界中で進行している農地土壌の劣化は、ミミズの生存を脅かした結果といってもいいでしょう。

ミミズ（アースワーム）の和名は「目見えず」から転じた名だといいます。目がない動物なのです。大きさは様々で、一ミリメートル以下のものから、オーストラリアでは四メートル近い長さの種類もいるそうです。日本にも長さ六〇センチのものや太さ一センチのミミズもいるといいます。

ミミズには、一生を土中に棲む種類と、時に地上に出て生草を食べたりする種類がいます。前者は土を食べ、含まれる有機物や微生物を栄養源とし土中に糞をします。湿った堆肥中に多く見られるやや小型のミミズがその例で、ヒメミミズなどの名があります。中南米では、能力の高い系統のミミズを使って「ミミズ堆肥」をつくる技術があります。

後者は地上に尻を突き出して糞をして粒状の糞塊を残します（写真）。草刈り作業中に草の株元まわりを観察すると、一～五ミリメートルくらいの土粒で覆われていますが、すべてミミズの糞によるものです。

ミミズの糞塊

土中でも表土でも、ミミズ糞によって日々栄養豊富な土に再生されます。一〇アールの畑地におおよそ五～一〇万匹が棲息し、年間一〇トンの土を耕し、五トンの糞土を出すそうです。五トンの糞土は地表に広げると五ミリの厚さになります。ミミズ糞には、植物が吸える窒素が三倍に、リン酸が二・五倍に、カルシウム、カリウム、マグネシウムなどは二倍になるといわれます。ミミズの体内で栄養が溶かし出されるのです。

ミミズは土を食べる過程で有害センチュウ（線虫）を減らすはたらきがあります。また、ミミズ糞には放線菌が増殖し、産生する抗生物質によって植物病原菌を減らす効果もあります。そしてミミズは、植物の生育を支える「土の団粒構造」の形成に直接的なはたらきをしてくれるのです。まさにアースワーム、地球の大地になくてはならない生きものです。

畑土壌中でミミズに大いに働いてもらうには、できるだけ機械耕耘の回数を減らす（不耕起栽培への移行が最終目標）、そして表土を裸にしないことが要点です。畝間を草で覆う「草生栽培」が効果的で、ムギ類や匍匐性マメ類をカバークロップとして使う技術です。冬場なら背丈が伸びない冬草を活かす手もあります。刈り草や稲藁による有機物マルチもミミズは喜びます。直射光を遮り、表土に草の根が張り、土を乾かさないことがミミズには好都合なのです。

ミミズを知ること、ミミズを守ってミミズの力を借りること。地球の大地に生きる人間の責務の一つだと思うのですが、大げさでしょうか。

ボカシ肥料、つくり方と使い方

米糠や油粕、魚粉などは、そのまま肥料として農地に投入することもできますが、窒素成分が急激に溶けだして栽培初期に「効き過ぎ」たり「生育障害」を発生させてしまうことがあります。そこで昔の人は、そうした有機物に土を混ぜて事前に発酵させたものを使い、肥効を「ぼかす」（緩くおだやかにする）工夫をしました。これをボカシ肥と呼び、今に伝えられています。

さまざまな材料が試され、土を混ぜないでつくるなど、各地でいろんな工夫があり、現代のボカ

ボカシ肥料づくりの研修（2015年、NPOあしたを拓く有機農業塾）

シ肥料は一様ではありません。身近に手に入る有機物を使って作物の健全生育に役立てられる自給肥料として、その多様性と有用性は広く認められています。

「ボカシ」（bokashi）は今や国際語になりました。一九七〇年代に青年海外協力隊員が派遣先の中米でこれを紹介したところ、肥料自給の手軽さと確かな肥効が認められてすぐに普及しました。中米は国域を超えたＮＧＯの活動があり、情報交換しながらそれぞれ地域で入手できる材料でさまざまなボカシ肥料がつくられています。

私は二〇〇六〜二〇二〇年の一五年間、ＪＩＣＡの事業で中南米諸国の農業技術者、指導者を対象とした「有機農業技術研修」プログラムに協力してきました。当初は勤務していた鯉淵学園で担当し、退職後の二〇一二年からはＮＰＯ「あしたを拓く有機農業塾」として受託しました。中米各国はすでに有機農業先進地域ですが、日本の有機農業技術には高い関心を示しました（前ページの写真）。

来日した年一五人前後の研修者たちは、零細農民を指導対象とする普及員や学校教員、市町村職員、NGOスタッフ、若い農民代表などであり、身近な資源を使う技術に特に高い関心を示しました。病害虫対策技術とともにボカシ肥料は共通の話題になりました。彼らのボカシ肥料と日本のそれとは若干の違いがあり、彼らも私の指導を喜びましたが、私も彼らから大いに学ぶことができて幸運でした。

ボカシ肥料は、今や有機農業技術の柱の一つになっています。有機農家が自作して使う事例のほか、有機農業法人や有機農産物を共販する農家組織などでは、肥料業者にレシピを示して委託製造して使う事例も増えています。肥料メーカーが独自に商品化し、家庭菜園用にホームセンターで売られてもいます。

課題が一つあります。農家が自作する場合はまだしも、肥料メーカー製造においては材料に何を使うか、どこから調達するかが問題なのです。安くつくろうとして海外産の有機物を使ったりすれば、「なぜ有機農業を推進するのか」の本旨を逸脱しかねません。購入して使う農家や法人は、その材料と由来に無関心でいてはいけません。

ボカシ肥料のつくり方、使い方は今やネットにも情報がふんだんに載っていますが、その概要を紹介しましょう。ボカシ肥料は、身近に手に入る次のような材料を混ぜ合わせてつくります。

①細かい粒状または粉状の廃棄有機物、農業副産物、食品製造残渣など。米糠、小麦糠（ふすま）、油滓、魚滓、オカラ乾物、クズ大豆、クズ麦、生ゴミ発酵処理物、発酵鶏糞、果汁搾り滓、コーヒー滓、出汁滓、菓子クズ、ビール滓、等々（これら材料のうち二～三種類の混和で充分）。

②ミネラル添加資材、微生物活性用資材（あれば少量添加、なければ入れなくてもよい）。グアノ（海鳥糞あるいはコウモリ糞堆積物）、カキガラ、貝化石、岩塩、草木灰、エビ／カニ殻、腐葉土など。

私は、米糠と発酵鶏糞に少量の腐葉土を加えただけでつくっています。

《ボカシ肥料のつくり方》

- 完成後の成分含量を想定し、材料の含有成分量（推定値）を考えて配合する。
- 雨にあてないよう屋根の下で、発酵菌を定着させるために土の上でつくる。
- 水をかけて混ぜる。水分含量は手で握って塊となるが、触るとすぐほぐれる程度（水分含量五〇パーセント前後）とする。少し湿り気を感じるくらい。
- 前回作成のボカシがあればタネ菌として少量を混ぜる。
- 高さ四〇～五〇センチの山に盛る。高くて大きすぎる山は内部が高温になりすぎて菌が弱る。五〇～六〇℃の発熱にコントロールする。
- 紫外線を遮り、乾き過ぎを防ぐために通気性のある蓆や麻布、寒冷紗などで覆う。
- 発熱して一週間後に切り返しをする（外側と内側を混ぜ合わせる）。内部まで白っぽくなって乾き、三〇℃以下に下がれば完成。

・通気性のある土のう袋などに小分けして保存することもできる。半年以内に使い切る。

このつくり方は「好気性菌」による好気発酵ボカシです。農家は数百キログラム〜数トン規模でつくって使うのですが、家庭菜園用には数キログラム〜数十キログラムあれば足りるので衣装ケースなど容器内でつくる方法もあります。ただ、容器内で少量をつくる方が実は難しいのです。

水分を含ませた同じ材料を、ビニール袋など密閉容器に入れて「嫌気性菌」（乳酸菌など）による嫌気発酵ボカシにすることもできます。発酵方法が異なっても作物栽培での使い方に大きな違いはありません。

堆肥は腐熟すると黒くしっとりと湿っていますが、好気発酵ボカシは白っぽく乾いたものになります。作物栽培はボカシ肥料だけでも十分可能ですが、堆肥あるいは緑肥作物と併用することが望ましい。ボカシには主に肥料効果を期待し、長期的な土づくり効果は堆肥や緑肥作物の方が優れているからです。堆肥メイン、必要に応じてボカシ併用、が有機農業の常道です。

材料の合わせ方で、堆肥とボカシ肥料の中間型をつくってそれだけを使う方法もあります。雨を避けて屋根の下でつくります。

技術の自給

技術を金で買う、技術を第三者に委ね管理されている。現代農業の重大な欠陥がそこにあるのではないか。私がずっと抱いてきた懸念です。

農業がもうからない仕事であることは世界共通です。国や地域の経済発展レベルとは無関係で、資本主義経済においては農林水産業が産業間の搾取対象になっているのです。だから、多くの資本主義国でも農業に多額の公費を投じて産業基盤を守っています。このことは、第1章の「農と食の危機、招いたのは農政」で述べました。

日本はその公費投入が少なすぎるから「農業では食えない」と離農が進み、食料自給率が下がり続けてきました。このことが日本農業の最大の問題なのですが、もう一つ、農業界自身が身を染めてしまった悪習のことがあります。農家が使う技術にコストをかけ過ぎていることです。すなわち技術の購入、過度の分業化が農家の所得率を低いままにしている要因ではないか、という点です。

例えを一つ。無農薬の畑作を行っていると、秋作のキャベツやニンジンなどの葉に白い粉を吹いて干からびた虫の死骸をよく目にします。殺菌剤や殺虫剤を使わないと、数種の昆虫寄生菌が畑の表土に増殖し、ハスモンヨトウやキクキンウワバなどに寄生するのです。白い粉は菌の胞子で、いわば有機栽培特有の害虫の自然死です。代表的な「ボーベリア菌」は生物農薬として市販されています。この菌は、昔は養蚕農家が恐れた「蚕の白僵(はくきょう)病菌」と呼ばれました（次ページの写真）。

私はJICAの委託を受けて中南米の農業技術者、中堅指導者たちに有機農業技術の指導をしてきたことを紹介しました。ある年、キューバの研修生がこんなことを言っていました。「畑の虫の死骸とその数十倍の生きている虫を集めて容器の中で飼い、すべてに感染させて菌の増殖を行います。農家は集団でこの作業を行い、増殖した菌を分けて次のシーズンで自製の殺虫剤として使っています」。

他の国の研修生でうなずく者、その方法を具体的に教えてくれという者など、こうした技術談義は研修中に大いに盛り上がりました。貧しい零細農家を指導する彼らが「技術の自給」について、とても熱心だったのです。適正技術を農家自身が創意工夫して身に付ける態度と対応力を「われわれ日本人も学び直すべきではないか」、長年の課題を具体的に確認できたできごとでした。

有機農業は、化成肥料を買わずに堆肥やボカシ肥料を自家製造して使います。農薬を買わずにさ

虫を殺す菌は無農薬有機栽培で活性化する

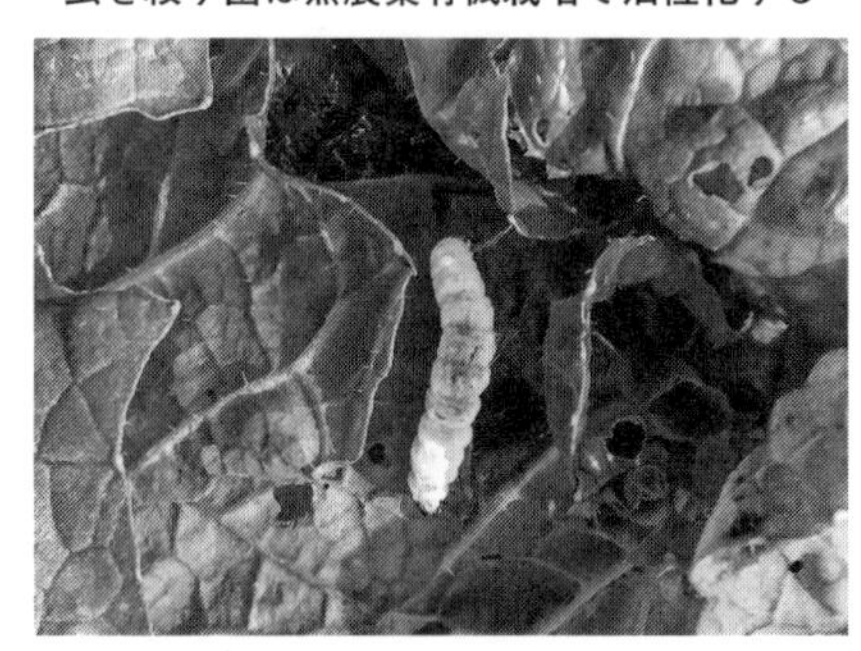

白僵病菌で死んだハスモンヨトウ

昆虫疫病菌が害虫に寄生して死なせる

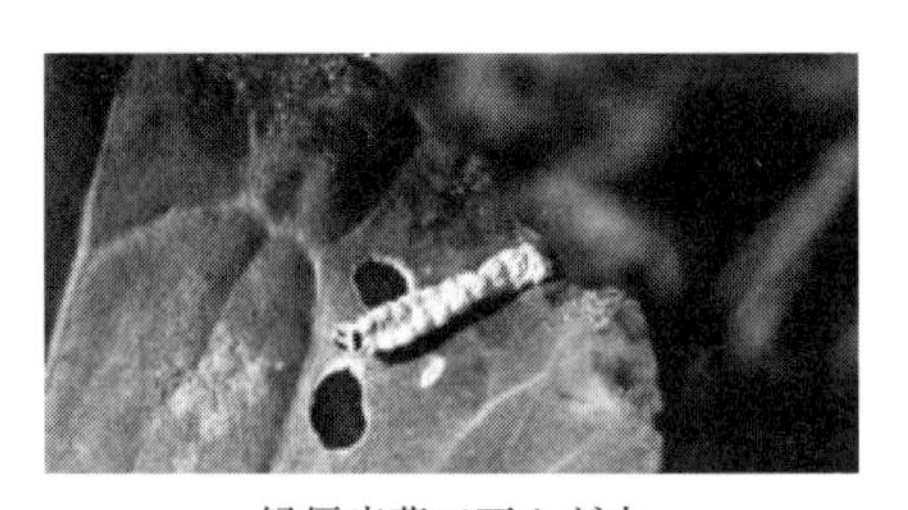

緑僵病菌で死んだ虫

まざまな病害虫回避の技術を自ら編み出して使っています。世界中どこでも、技術の自給に長けた農法の世界なのです。農外企業が販売する技術に頼るスマート農業とは対極にあるのです。

マイペース酪農

新聞「農民」（二〇二三年一一月一三日号）に「マイペース酪農が日韓環境賞を受賞」の記事がありました。日韓国際環境賞は、毎日新聞と朝鮮日報社主催の賞です。

うかつながら、マイペース酪農というものを知りませんでした。ルーラル電子図書館によると「放牧を基本とし、化学肥料や濃厚飼料などの外部資源の投入を最小限に抑え、土、草、牛の関係・循環を良好に整えることを重視する酪農。北海道中標津町の酪農家・三友盛行さんが提唱し、……規模拡大、濃厚飼料多給による高泌乳路線への反省に基づく、永続的な酪農を追求」とありました。

提唱者の三友さんは言います。「経済第一主義の風潮が強まり、農業も経済産業の一員とみなし、農業を工業の論理で考えるようになった……化石エネルギーなどの地下資源と森林を略奪して進めてきた……それは私たちの子や孫の代に消費すべきものを先取りしていることなのです。農業とは循環です。……農業が適地・適産・適量を守れば、持続が保障されます。もし農業が持続できなくなるとすれば、それは農民の不幸であるばかりか都市生活者の苦しみにもなるのです」。

これまでの、輸入穀物を主にした高栄養濃厚飼料によって高泌乳量を求める多頭飼育酪農が行き詰まっています。乳価の低迷に対し、燃油、飼料、化成肥料などが軒並み高騰してコストだけが膨らみ、酪農経営の危機とまでいわれています。高齢化と後継者不足もあり、日本の酪農は縮む一方です。背景には、農業一般と同じ公費投入の少なさがあると同時に、技術購入システムに毒された「工業的」経営手法の一般化があるのです。

三〇年以上の歴史があるマイペース酪農は、北海道東部を中心に実践者が増えているといいます。餌の七〇パーセントを自前の草でまかない、草が主体の餌によって牛糞は繊維たっぷりの堆肥になり、草地の土が再生されてよい草が生える。「あそこの牧場では、境界の柵はほとんど不要。牛がよその草を食べようとしないんだよ」などと話題になるそうです。

牧草地一ヘクタールに牛一頭、四五頭程度の適正規模を維持し、人にも牛にも草地にもやさしく無理をしないマイペース酪農は、低投入持続的農業の酪農版。有機農業ひいては大地再生農業の思想を共有していると理解しました。※

ちなみに実践地の一つ、別海町泉川集落は、満蒙開拓青少年義勇軍参加者らの戦後集団入植地だったとのこと。苦労を重ねた酪農民たちの「幸せを求める実践活動」の結晶でもあるのです。

※上記「農民」とウェブマガジン「カムイミンタラ」一九九六年九月号参照、一部引用。

採種技術を農家の手に

近年、野菜などの種子を買うと、袋裏面の種子生産地欄にアメリカ、オーストラリア、インド、韓国などと外国名が表示されています。私が二〇二三年に買った市販種子のうちキャベツだけは香川県というのがあって少しホッとしましたが、市販される野菜種子のほとんどが外国産になってしまいました。

以前は、日本各地にタネ採り農家（採種農家）がありました。タキイやサカタなど種苗会社と契約し、会社から渡される父方、母方の両系統種子を蒔いて畑で交配させ、実った種子を収穫して会社に買い取ってもらう採種専業農家です。さまざまな「作物種子を採る技術」が農民の専門技術の一つとして受け継がれてきたのですが、昨今、その技術が農民の手から奪われつつあるのです。国内の採種農家が激減しています。

畑作物、野菜など伝統的な品種、地方特産品種を守り残そうと、自家採種運動があります。有機農業だけに限ったムーブメントではないのですが、参画者には有機農家やその関係者が多い。「有機栽培に向く品種、固定種」などという生産者側の認識や「地方在来の野菜品種を残してほしい、食べたい」など消費者側の要望も受けて、熱心に自家採種に取り組む有機農家が各地にいます。

日本有機農業研究会では、長崎県の岩崎政利さんや千葉県の林重孝さんらが自家農園でそれぞれ数十種類の野菜種子を採種して栽培活用しながら、広く自家採種の意義と方法を伝える活動に取り組んでいます。研究会では、多くの農家が採種した種子の頒布システムも整え、さらに多くの有機農家に活用とタネの採り返しを呼びかけています。

こうした自家採種運動は、さまざまな伝統品種の保存と活用、地方食文化とのかかわりなど諸々の意義とともに、採種技術を農民の手に残し継承することに大きな意味があります。種子は「育種と採種」技術の結晶です。種子を買うことは「技術の購入」です。対して、農家採種は「技術の自給」にほかなりません。

私はといえば、育種も採種もほとんど素人。毎年いくつかの野菜品種で自家採種し利用もしていますが、その種子を人に勧めるほどの自信はありません。栽培野菜の種子の大半は購入しています。種苗会社が育成した野菜種子は能力も高く、有機栽培でも利用価値は高いと思っています。官民が関わった永年の種苗育成研究の成果を利用しない手はないと思っているのですが、せめて採種技術を農民の手に取り戻す必要があるという思いはあります。

自家育苗が基本

近年、育苗と栽培の分業化が進んで、自家で苗を育てずに購入する農家が増えてしまいました。育苗の手間を省こうというのでしょうが、結果的に苗づくりの技術が農家の手から奪われつつあるのです。苗を買うのは主にトマトやナスなど果菜類。水稲苗を農協に委ねてしまう例もあります。自分でつくれない農家が、苗の良し悪しがわかるでしょうか。販売業者の求めるままに金を払うことになります。

有機農家は、農外からの新規参入者が多い。そのため、技術の習得は既存の有機農家に弟子入りして習得します。新人研修に前向きな有機農家は、その多くが自家育苗しています。教え子は育苗技術をきちんと習得し、就農後も自分で苗を育てることができます。多品目生産の有機農家で教われば、教え子も多品目対応のノウハウを身につけられます。

ところが、有機農家でも苗を購入する事例が現れました。慣行農家から転換した有機農家、あるいは果菜類を施設栽培する単作経営の有機農家などです。特に後者は、連作障害回避のために接ぎ木苗を購入するのです。接ぎ木技術を身につけず、育苗業者にすべて委ねて高価な接ぎ木苗を「買わされる」のです。自ら育苗しないで、責任をもって野菜を生産したと胸を張れるでしょうか。

何とか自家育苗を守っている農家でも、育苗用土を購入して済ませる事例がとても多い。有機農業でもそうした事例があって気がかりです。苗床の土を業者に委ねるということは、その土の由来を気にしないということ。「用土」とはいうものの、本当に「土」なのかどうかも疑わしいものが多いのです。そんな育苗用土が一般化して流通しています。育苗に使えば「疑わしい用土」が苗定植によって自家農地に持ち込まれるのですが、それでいいのでしょうか。

苗床の土は、身近な地域資源を使って自家製造する技術を持つべきです。苗床の土もきちんとトレースできて、農産物消費者に自信を持って説明できるものでありたいですね。技術、資源、コストを、安易に業者の手に委ねるべきではありません。

種子生産は外国に依存し、苗はなんとか国内ながら育苗業者に依存するようになり、農家はただ自家農地に植えて収穫するだけ。そんな風潮が一般化することをもって「もうかる農業」の進展だとするのであれば、それは自滅の道ではないか。経済主義がそうさせているならば、農の文化の敗北ではなかろうか――そんなふうに思います。

種子を一粒ひとつぶ、自らの手で自作用土に蒔き、その健全な生長を毎日見守り手をかけて育て上げ、成苗を田畑に植えて停滞なく健やかに育つさまをずっと見守る。種子から育てた作物の一生を知る、そういう農家が大勢であってほしいと、そう思います。

接ぎ木技術を身につける

私は若いころ、ウリ類（キュウリ、スイカ、メロン）やナス類（ナスやトマト）の接ぎ木を研究課題にしていました。当時の師匠がウリ類の接ぎ木に使う台木カボチャの研究者で、その指導を受けたのです。キュウリやトマトなど施設栽培で生じる連作障害（土壌伝染性病害）の対策として、当時は殺菌殺虫剤（毒ガス）の土壌処理か病害抵抗性品種を台木に使った接ぎ木か、どちらかが選ばれました。私は当時から農薬嫌いだったので、接ぎ木を学べたことは幸運でした。

ウリ類とナス類のほとんどで接ぎ木を試しました。ピーマンやインゲンマメの接ぎ木も試しました。ナスの台木に低温伸長性に優れるトマトを使ってみたり、トマトの台木にジャガイモを使った「接ぎ木ポマト」も成功させましたが、実用性に疑問符がついてまねする人はいませんでした。ナスの台木にクコ（枸杞、ナス科植物）を使って接ぎ木を試したら、枯れはしませんでしたが小さな実を一個ぶら下げたまま五～六カ月間ほとんど生長しませんでした。「接ぎ木親和性」がその程度だったのです。こんな自由な研究ができて、とてもいい経験でした。

研究テーマを「接ぎ木方法」にして、国内の接ぎ木方法（接着方法）を収集したところ、四種の基本操作とそのアレンジを含めて三八種の方法が各地で行われていました。基本操作四種のうち、当時最新の方法に名前がまだなかったので師匠と相談して「合わせ接ぎ」と命名し、専用の接ぎ木クリップを開発したりもしました。四〇年以上も前のことです（次ページの図表10）。

接ぎ木技術は世界各地で活用されています。果樹の土壌病害対策で使われていた手法をもとにして、果菜類に応用展開されてきたのです。日本で果菜類の接ぎ木は、一九三五（昭和一〇）年に奈良県でスイカに使われたのが最初です。今ではキュウリ、スイカ、メロン、トマト、ナスで広く利用されています。接着方法としては最も簡易な「合わせ接ぎ」（図表10の右端）を行う接ぎ木ロボットが開発され、接着部位の固定具も種類が増えました。技術面で変遷はありますが接ぎ木は今も確かな需要があります。

大きな変化は、農家が自分で接ぎ木苗をつくらなくなったことです。栽培ハウス内に土壌病原菌

図表10　接ぎ木の４種の基本操作

や有害センチュウがいて接ぎ木苗が必要な場合、多くの農家は苗業者から購入するようになりました。穂木品種（収穫目的の品種）と発生病害に対応する台木品種（病害に強い品種で根部として使う）を指定して接ぎ木苗を発注するのです。便利といえば便利なのですが……。さてそれでいいのでしょうか。

結果、種苗会社のタネのカタログに台木品種の紹介が載らなくなりました。農家が台木種子を買わなくなったからです。農家が「自家で接ぎ木苗をつくる」技術を放棄し、「接ぎ木苗を買う」技術購入の姿勢に変わったことで、結果的に農家は接ぎ木技術について無知になってしまいました。業者に頼るしかない状況は農の文化の後退にほかなりません。

今後、有機農業の対象が広がると、栽培時期の拡大も期待されるでしょう。晩秋から冬季、早春のキュウリやトマト、ナスなど施設内有機栽培が求められれば「連作障害」の危険性も増します。有機農業こそ接ぎ木栽培の必要性は増すでしょう。有機農業技術のトピックスの一つとして、接ぎ木技術の使われ方に注目しなければなりません。

接ぎ木は、元は建築用語でした。柱や梁を繋ぎ合わせることが「接ぎ木」です。果樹栽培で土壌病害に強い同種または同属の台木に接ぐ技術が生まれ、その後、野菜や花木、サボテンなどに応用されるようになって今に至ります。

接ぎ木のもっとも顕著な貢献は、果樹の繁殖に使われていることです。例えばリンゴの品種「ふじ」は、一九三九年に青森県で国光（母）とデリシャス（父）の交配でできた二〇〇四粒の種子の一粒から育ちました。一二年後の一九五一年に実を結んだ一本の木がそれです。この木の枝を耐病性台木に接いで苗をつくったり、他品種の木の枝に「高接ぎ」して品種更新したりして「ふじ」をどんどん繁殖させたのです。今や「ふじ」は世界的に最も高名なリンゴとなり、韓国のリンゴの八〇パーセント、ブラジルのリンゴの五〇パーセント、全世界のリンゴの二〇パーセントを占めるといいます。すべて接ぎ木で増やしたのです。

さて、野菜の接ぎ木は土壌病害対策が主ですが、ねらいは他にもあります。

- ナス、キュウリでは収穫期間が伸び、収量が増す。台木品種の肥料吸収力が強くて生育が促されることによる。
- 収穫する品種より低温伸長性に優れる台木を使うことで、寒冷期にもよく育つ。栽培施設の暖房経費を抑えられる。

・台木カボチャ品種によってキュウリ果実表皮のつや（照り）が良くなる。

キュウリなどのウリ類のほか、リンゴやミカンなどが果実表面に白い粉を吹くことがあります。これを果粉（ブルーム）といいます。キュウリにこれが出ると収穫の際に手の跡が付いて見た目によくないとか、かつては果粉が農薬の跡だと疑われたこともありました。果粉が出ないブルームレス・キュウリが求められ、後に台木のカボチャ品種の研究でこれを実現しました。一方で、接ぎ木しなくても粉を吹かない品種、さらには「いぼ」のないキュウリ品種の開発まであって、今や何がなんだかよくわからない時代になりました。

果粉は果実表面の水をはじく、紫外線や害虫から自身を守るためなど、本来は植物の自衛手段なのです。果粉を排除すると、キュウリは別の自衛策として果実表皮を硬くするので、一部消費者から「昔の粉の出るキュウリは食感がよくておいしい。ほしい」という根強い要望があります。

これまでの有機農業では、そうした生態や食品性を重視して接ぎ木しないキュウリ栽培が多数派でした。土壌病害は連作を避けて輪作で対処し、商品性より食品性を選び、自然現象の理解にもとづく農業観がありました。

今後、有機農業の進展によっては接ぎ木技術が必然と思われますが、科学的な判断、エシカルな農業観を大事にできるかどうか、そこが焦点になるでしょう。

有機農法の多様性

有機農業という言葉は、化成肥料や化学合成農薬を使わないで行う「農家経営のスタイル」を表しており、有機農業でありたいとする農家の考え方や暮らし方をも含んだ用語です。対して、有機農業の技術や技能、あるいは生産方法の側面だけをいう場合は「有機農法」という言葉を使います。この世界は実に多様で、自然農法とか、炭素循環農法、微生物農法、自然農等々、農家が自称する呼び名がたくさんあります。

農家個々は自分（または同じ農法の同志たち）の農法が他と異なることを示すために独自の農法名を名乗るのですが、私のような第三者から見るといずれも技術の基本においては共通性を持っています。それぞれの農法は少しずつ異なる特徴を持ちますが、有機農業の理念においてほぼ同じ目標を持っており、そこに到達しようとする手法に若干の違いがあるに過ぎないのです。

図表11は、日本の畑作における有機農法の特徴を整理したものです。水田稲作については別の説明が必要になります。ここでは有機農法を五類型にして示しましたが、全国の有機農家（および有機農業法人）がすべてこの一覧に当てはまるわけではありません。農法の詳細は十人十色であり、この五類型を横断する農家、五類型からはみ出す農家もたくさん存在します。理解を助けるための仮の分類です。

この農法五類型は、これまで三〇年間にあちこち多数の有機農家を訪ね、現場を見て話を聞いて整理したものです。農家によってはこういう区分や農法理解を認めたがらない場合もあると思いますが、自分と他との違いとともに共通性も知って相互に学び合ってほしいのです。切磋琢磨（せっさたくま）の材料にしてほしいと思います。

さらには、農家をとりまく関係者に有機農法の理解を促したいのです。有機農業の発展のために、特に行政や農協など指導部署にある人々に多彩な農法があることを知ってほしいのです。こうした多様性は、未来に向かって技術的な可能性やヒントをたくさん内包しています。全国の農業改良普及指導員の研修会でこの一覧を度々紹介した際、普及員たちから「こういう多様性や特徴を知らなかった。理解の助けになる」と歓迎されました。

このあと、各農法の特徴を順次紹介します。農法ごとの特異的な手法とともに、区分を横断する手法の意味、意義、さらには未来に向けた課題をじっくりと分析してみます。有機農法における多様で豊富な技術と手法の組み合わせ方を、農家の考え方とを関連させながら整理してみましょう。

①なぜそのような手法を採用するのか。
②その手法にどのような意義や可能性があるのか。
③地球環境の変動の先を見すえた場合に、五類型を超えてより適切な農法を見いだせるか、その要点は、などを検討します。

日本の有機農業には、歴史的に一本の太い背骨のようなものが通っています。この中心柱のよう

図表11　有機農業の農法類型

	自然農	自然農法	炭素循環農法	有機農法（提携タイプ）	有機農法（量販タイプ）
有機JAS認証				◀――	――▶
主な経営型	個人	個人	個人	個人（～法人）	法人 生産組合
土づくり 施　肥	ほとんど 無し	原則は植物質 （無～少）	植物質 炭素源主体	家畜糞 植物質	有機質肥料 の考え方
窒素固定	◎	◎	◎	◎～○	△
耕耘	不耕起	耕起･不耕起を使い分け	不耕起にこだわらないが、耕し方に特徴	耕耘が基本 不耕起例もあり	耕耘が基本
雑草	無除草 刈り倒し	除草と無除草の使い分け 草生の活用	同　左	徹底除草型、 適宜除草型、 草生活用型	徹底除草が主
品目数	多品目	多品目	多品目	多品目	単作～小品目
低投入 生物多様性	強く意識	強く意識	強く意識	強く意識	あまり 意識しない

な有機農業は、図表11の右から二番目「提携タイプ」です。家畜糞から近辺の草木由来有機物、家庭生ゴミなども有効に使う有機農法です。稲作と多品目畑作物の栽培のかたわら家畜飼育も行う複合農業も含み、伝統的な日本の農家の姿を受け継いでいます。

農の目的は家族の健康と豊かな生活であって自給が基盤です。その延長上で市民の生活と健康に貢献しようとするため、生産物は主に直販します。農法においては自然環境に十分配慮して負の影響を及ぼさないことを重視します。そのような明確な目的と農法上の原則を遵守しながら、技術展開は柔軟で融通無碍(ゆうづうむげ)でもあります。新規就農者が大半を占めるこれまでの家族経営有機農家の大部分が、おおよそこの範疇にあります。

近年の傾向として家畜を持たない有機農家が

多いこと、スタッフ雇用や研修生受け入れを行うなど農地規模を拡大して法人化するなど少数の例もありますが、生産物を届ける先の市民と目的を共有して、自らの営農の先に豊かな自然環境と公正な社会の姿を求め、そこに参画しようとする思いは同じです。

さて次に、二〇世紀後半から登場したのが、図表11右端の「量販タイプ」の有機農法です。経営の姿は二型があります。初期投資で多数のハウスを建て、周年でホウレンソウやコマツナなどを連作する「法人経営型」と、地域内で複数の家族経営有機農家が集団で取り組む「生産組織型」です。いずれもJAS有機認証を得てスーパーや生協と取引するなど、一般市場からの要請に応える営農スタイルです。JAS有機認証とは、日本農林規格（JAS）で有機農産物の基準を定めた表示制度です。有機農家の生産条件が基準を満たしているかどうか認証機関が検査を行い認定します。認定を受けた農地で生産された農産物は、店頭販売で「有機」あるいは「オーガニック」の表示を行うことができます。

農法上の特徴は、いずれも単独経営内では少品目栽培で、土壌診断を前提にして肥料メーカーに作らせた有機肥料を使うこと、雨除けハウスと防虫ネットの施設設備で害虫侵入を防ぐ「環境遮断型」を基本に生物農薬など最新の病害虫対策資材を使うことです。試験研究機関の成果と連動した企業開発の最新技術を使うためには、品目を絞ってマニュアル化することが求められます。主要な作目は、そうした技術を導入しやすい軟弱野菜（ホウレンソウなどの柔らかい野菜）と根菜類ですが、近年ようやく果菜類に手を伸ばすようになってきました。また、技術マニュアルの整備で少品目露地栽培も広がりつつあります。

この農法は、有機肥料栄養で作物を養うという「施肥設計」の考え方です。ややきつい言い方をすれば、化成肥料を有機肥料に代えただけです。中心柱たる提携タイプの有機農法が「土づくり」を重視し、「土が作物を養う。土を肥やすために有機物を投入する」という考え方とは一線を画すものです。どちらも科学的な思考の結果なのですが、採用する手法には違いがあるのです。

量販型有機農業は、生産物の安全安心を謳うことを第一目的にし、卸業者や小売店からの周年需要に応えるために作期の短縮、単品目連作、大面積化などが近年の特徴です。地域に人を求めてパート雇用し、収穫調整のルーティン労働に頼るやや工業的な性質を持ちます。この型の有機農業には特徴的な課題、リスクもあるので次に解説します。

量販型有機農法の課題

量販型の有機農業は「もうかる有機農業」モデルとして、指導行政が真っ先に言及します。国が目標とするスマート有機農業、マニュアル型有機農業に合致すると考えるからでしょう。しかし、この有機農法にはいくつかの重要な問題点が存在します。

・ハウス土壌の高地温は有機物分解を早める。周年連作に加えて連年の太陽熱処理で土壌が酷使され、劣化しやすい。雨除け栽培で塩類集積のリスクがあるが有機肥料でのそれは化成肥料による

環境遮断型の有機農法の現場（島根県浜田市）

塩類集積よりも修復が難しい。土壌劣化により、有機栽培でも連作障害の危険が高まる。

・周年需要に応えようとすると休閑や堆肥投入、緑肥導入の余裕がなくなり、土づくりを疎かにする事例が多い。その結果が土壌劣化の問題につながる。

・有機肥料を自家調製せず、ほとんどの事例で購入肥料に頼る。供給する肥料業者は収益を考えて安価な肥料原料を遠くに求め、地域資源の循環利用が疎かになりかねない。生産者は堆肥や有機肥料の知識が偏り、自らつくる技術を身につけられず、技術継承ができない。肥料コストが大きくなる。

・防虫ネットで周辺生物から隔離したハウス栽培、あるいはトンネル栽培に特化することが多く、周辺環境と遮断する技術が基本である。完璧な遮断が最優先されることから、環境生物との共生が課題にならず経営者の環境意識が薄弱になりやすい。
・防虫ネットや生物農薬、天敵製剤など外部資材への依存性が高まり、自前の技術技能を磨く意識が育たない。

過去三〇年、各地のさまざまな有機農業現場を見てきました。金銭的には貧しいかもしれないが心豊かな表情で自らの農業を誇らしく語る「提携タイプ」の家族経営有機農家がたくさんいました。その農法も多彩で十人十色。みな自分の農法に愛着があり、さらにそれを磨こうと努力していました。折々に多少の失敗があっても、その経験を糧にして独自の有機農法を磨き上げる喜びが垣間見えました。

法人経営者たちも自らの農業経営に誇りを持ち、従業員のくらしを支えることにも努力を惜しみません。地域への貢献について胸を張って語る経営者も少なくありません。その姿勢には感心することが多くありました。だがその経営には何かしら切迫感があり、ゆとりがないように思われました。経営上のストレスが大きいのでしょうが、その根底に量販型有機農法に特有の「技術的な課題」が横たわっているのです。

前向きに土づくりをしようとする有為な青年経営者の事例もあります。克服できない課題ではありません。学ぶに値するカギは一覧表の左側にあります。異種の有機農法との技術交流が問題解決に導いてくれるでしょう。

炭素循環農法、自然農法

有機農業の別名は「低投入持続的農業」です。有機農業の「有機」は、さまざまな生命との調和と共生を意味し、農家が採用する手法、農の生産とくらしの過程を表しています。個々の農の現場を認識する際の表現といってもよいと思います。

有機農家は自らの農を「有機農業」と呼ばれることには特に異論ないでしょう。「有機農業」は、広く大きく農のあり方を包摂する言葉としてすっかり定着したと思います。

「低投入持続的農業」は、有機農業の為す先、全人類の目的となるべきところを表し、第三者的な表現です。個々の農家は自分の農を「低投入持続的農業」と呼ばれたら違和感を持つかもしれません。そんな大層なものではありません、自分の満足のためにやっているだけです、とかなんとか。しかし、有機農家らの実践は、そのベクトルの先が確実に地球を救うことにつながっています。その程度の差はさまざまですが。

低投入持続的農業のベクトルの強さは、その手法において、先ほどの一覧表の左側にいくほどより大きくなります。これは、一般的な認識における生産性とは一線を画す意義です。すなわち、これまでの農業一般にあった工業技術論的な生産性を追求する姿勢とは対極にあるのです。生産性追求一本やりが環境問題に直結したという反省に立つなら、その対極にある意義に耳を貸す必要があります。

炭素循環農法の呼び名で活動する農家集団があります。窒素成分濃度の高い有機肥料は使わず、繊維質主体で炭素率（C／N比）の高い有機物を表層に浅く混和し、土壌内で必要最小限の窒素栄養を自然発生させて作物を養おうとする農法です。やや足りないくらいの窒素栄養が作物の健全な生育をもたらす、という思想です。これは科学的にもほぼ真理です。近年の最新研究もそれを証明しつつあります。

そもそも、繊維質主体の炭素が窒素栄養を呼び込む、その原理をあまねく作物生産に応用してきたのが中心柱たる有機農業でした。有機農業＝炭素循環農法といってもよかったのですが、そうでもない有機農業が加わったために、あえて別の柱立てで炭素循環農法が存在しているともいえます。前向きに受け止めてよい流れでしょう。

この農法で用いる有機物は主に木質有機物で、生木を粉砕したもの（タンパク質、酵素を含む）やキノコの廃菌床などです。あえて浅く表層施用するのは、虫や好気性の菌類に勢いよく分解してもらうためです。浅い耕耘法は土中生物の攪乱程度も少なく、持続的農法としての効果も大きい。想像のごとく生産性は決して高くありませんが、対環境面での意義は中心柱の有機農法よりは大きいと思います。学ぶべき技術ポイントがあります。

一一九ページの図表11の最左翼にある自然農とその右の自然農法には、未来の農の理想に近づくためのヒントがたくさんあります。抱える問題点とともに、順次紹介します。

自然農、自然農法などと実践農家が自称していますが、これらも有機農業の内にあり有機農法の一画をなしています。では何が違うのか、その手法にどのような特徴があるのか。

最左翼の「自然農」は不耕起と無施肥が基本原則です。人が耕すことは自然の摂理に反し、自然を改変する行為であることは間違いありません。そのことから、人為的な栄養投入も最少にすべきだとするのが自然農の考え方です。作物（植物）が健やかに育つ土台は自然生態から学べばよいとして、耕起耕耘と施肥を行わないのです。

この自然農は、有機農業がその先にめざすことになる環境再生型農業（大地再生農業）の日本型のベースになるかと思います。環境への負荷を最小にして、あるいはこれまでの損傷を修復する可能性をもった農法ですが、課題がたくさんあります。草とどのように対峙するか、共存するか、あるいは草を活用できるか。草と折り合いをつけながらいかに生産を確保していくか。技術の普遍化には越えなければならない課題が幾重にもあります。

課題は多いのですが、自然農にはためになるヒントがたくさんあります。無施肥でありながら一定の生産を維持できるのはなぜか、作物と土の協演によるその果実は、農業界全体が学ぶべき要諦ではないか、と思うのです。耕さないがゆえに生み出される「土壌内の生きものの働きの適正さ」が、作物生産にいかに大きな貢献をしているか。低投入の極致が持続性の最大の土台になるのです。しかも、そこに草の存在、草と共生微生物の存在、草陰に集まる小さな多様な虫の働きに注目しなければなりません。

次の「自然農法」にはいくつもの流派、流儀が存在します。不耕起を重視するグループ、機械耕耘を否定せず投入有機物にこだわるグループ、投入有機物をできるだけ少なくしつつカバークロップなど有用植物を多彩に活用するグループなどです。雑草とのつき合い方もさまざまです。

各流派の現場を客観的に科学的な目で見ていると、それぞれの試行錯誤の中にとても有為なヒントがたくさん表現されていることがわかります。中心柱的有機農法の農家も、右端の量販型有機農法にたずさわる法人経営者も、自然農法の取り組みの経緯からぜひ多くを学んでほしいと思います。表の右側の有機農家は左側に未来の技術が隠されていると知ってほしいのです。

自然農法や炭素循環農法などの人々は、その農法に潜在している大きな可能性を正しく評価してもらうためにも、右側の有機農法を営む農家から「規模と効率性、生産性」の技術手法を学んでみてほしい。両極の長所を相互に活用し合えば、未来の有機農業がより正当な発展をなし遂げることができるのではないか、と期待します。この一覧表は、そんな願いを形にしたものなのです。

二季化への対応

「今年の夏は暑かった」は毎年のように使われてきたフレーズですが、二〇二三年については表現を変えなければなりません。「春から夏、そして秋まで異常に暑かった」。二〇二四年以降はこの表現が常態化しそうです。

二〇二三年の平均気温は、春、夏、秋と三季連続で統計開始以来の最高記録となり、平年を一・三四℃も上回りました。世界の年間平均気温も〇・五三℃高く、観測史上最も暑い一年間でした。世界気象機関（WMO）の報告では、産業革命前から一・四五℃高くなったといいます。温暖化の影響なしには考えられない高気温です。

グテレス国連事務総長が「地球沸騰化の時代」といい、山火事が大規模化し、各地で旱魃が常態化しつつあります。氷河の融解、海水面の上昇で太平洋の島嶼国は水没の危機に直面しています。さらに世界中で真水の危機が表面化しています。湖沼が干上がり、地下水の枯渇で農業用水の不足が深刻化し、旱魃とともに世界の食料危機のリスクを高めているのです。

災害の多い日本では、ゲリラ豪雨や線状降水帯という言葉が常態化して農業生産に大きな被害をもたらすようになりました。さらに近年は、春から秋にかけての高温乾燥によって水稲、野菜、果樹に大きな影響が出ています。

朝日新聞の「耕論」で、気象学者の立花義裕さんが次のように述べています。「近年、夏の暑さは一〇月一一月まで尾を引くことが多いので、秋がどんどん短くなり、さらに冬は徐々にではなく、一気に春に変わる年が多い。ゴールデンウィーク前後から暑くなり、気づけば春の気配は消えています。私は、日本の四季が『二季』化すると表現しています」「もはやこの変化は『異常気象』ではなく『ニューノーマル化』と考えるべきでしょう」（二〇二三年一二月一九日）。

農業における温暖化対策は、二方面からの行動が迫られています。緩和策と適応策のことです。

緩和策は、農業生産における温室効果ガスの排出削減とCO_2吸収策の推進です。農業生産における省エネルギーの徹底、再生可能エネルギーを活用する農法への転換。草生栽培や里山資源との統合などCO_2吸収農法を進めることがその方法です。

適応策は、気象災害や高温乾燥など悪影響への備えと、新しい気象条件に適応できる生産技術の開発と普及を図ることです。治水対策を徹底し、農作物の高温障害対策、生態系の保全と活用など生産方法の大転換が迫られています。立花さんも「農業への影響は深刻です。猛暑は米どころに打撃を与え、分布を変える可能性があります。地球沸騰化で、世界中が猛暑や洪水、ハリケーンに襲われる中、自給率が高くない日本は食料問題への対策も急務です」（同上）としめくくっています。

農業における気候変動緩和策として、低投入持続的農業すなわち有機農業への農法転換が必須で、さらには不耕起栽培をベースとする環境再生型農業にコマを進めなければなりません。第3章の「気候危機と農業」の項で述べたように、大規模法人経営はエネルギー収支に不都合があることから、できるだけ小規模家族経営の低投入型農業を重視し推進することが緩和策の基本となるのです。

次の課題が適応策の手法です。適応策を考えるためには、作物栽培に及ぼしている気候変動の影響を具体的に確認しなければなりません。たとえば――年平均気温が大幅に上昇し、作物の適地が北の方向と高地に大きく移動してきたこと。春から秋まで高温時期が長期間続き、作物にさまざまな高温障害が発生していること。長期の高温期間によって害虫の発生が激化かつ長期化していること――この三つの問題に対処が必要になっています。

①適地の移動：新たな適作物の探索と実証、そして普及（例えば低温性作物のより高地への移動、関東以北に熱帯性作物・温暖地作物の導入など）

②高温障害対策：高温耐性を持つ品種の開発と普及、地温と気温上昇の抑制技術（例えば草生栽培、林間栽培やソーラーシェアリングなど遮光諸技術）

③害虫対策：圃場衛生の徹底、物理的防除の徹底、害虫繁殖サイクルの遮断、作付け時期の移動、より効果的な天敵の誘導と活用、等々

私の地元でも、有機農家が虫害の激発に苦しみ、技術の見直しを迫られています。年々、害虫被害が激化しているのです。育苗時から完ぺきに防虫ネットで対策したキャベツ、ブロッコリーがネット内でハスモンヨトウに食い荒らされる始末です。土を介してネット内で繁殖しているのでしょう。春の虫の発生時期が早まり、産卵と羽化が秋まで途切れずに多サイクル化したことも考えられます。化学合成農薬に頼らない有機栽培ゆえの新たな苦難です。

高温対策、害虫対策として、農家と次のような適応策を話し合っています。

・春作と七月蒔きの秋作の播種（はしゅ）、植え付け時期を一～二週間早めること、あるいは秋作の植え付けを思い切って後ろに遅らせること。

・収穫後はできるだけ速やかに残渣（ざんさ）を片付けること。

・イネ科、マメ科の緑肥作物を輪作体系に組み入れ、特定害虫の繁殖サイクルを断ち切ること。

・土着天敵の活動を促すバンカープランツ技術を駆使すること（注　バンカープランツとは、害虫

を捕食する天敵の呼び寄せ効果を持つ植物のことです。例えば、アブラムシに産卵するアブラバチを呼び寄せるのに野菜のそばに麦類を育てたり、天敵昆虫の栄養補給のためにそのタンパク源となる花粉を供給するクローバやソバを畑の周囲に育てたりします。さまざまな植物を農地内外に効果的に配置して、農作物の害虫被害を軽減させる技術の一つです）。

・新たに圃場を入手して休閑圃場を設けること——などです。

気候変動が早すぎて対策が追いつきません。有機農業への研究と普及の取り組みが遅きに失して

果菜類の草生栽培には夏季の地温抑制、雑草抑制、天敵呼び寄せなどの効果がある

南米やアフリカでの高温乾燥対策
（林間栽培、被陰栽培などという）

パッションフルーツ畑にナス、キャベツ

パパイヤ畑にトウガラシ

バナナ畑にネギ

いる今、有機農家自らが経験にもとづいて必死に対策しようとしているのです。

有機農法の新展開のために

今後の日本農業の発展、いやぎりぎり存続のために欠かせない条件があります。それは、有機農業スペシャリスト、有機農業コーディネーターの存在です。

私は二〇一一年から一〇年間、農水省が行う全国の農業改良普及指導員を対象とした「有機農業研修」の講師を務めてきました。それ以前から都府県各地の普及指導員と接触する機会が多々あり、そのたびに切歯扼腕（せっしやくわん）してきました。大げさなようですが、日本の農業衰退の原因の一つを見る思いだったのです。

何が残念だったか。現場指導のスペシャリストであるべき普及指導員の「篤農技術の無知」にです。歴史的に積み重ねられてきた農の現場技術を知らないのです。全員がそうだとは言いません。経験豊かで知識豊富なベテランもいますが極めて少なく、そうしたベテランは減る一方です。自分で作物栽培できない指導者ばかりになりつつあるのです。有機農業となると、なおのこと知識を持っていません。その原因は、農を現場で学ぶ機会を持たず、学校でしか学んでこなかったことです。

普及指導員の研修会に有機農法の一覧表を示し、多様性と技術的可能性を語り、道府県立農業大学校に有機専攻設置を呼びかけ、そこで教鞭をとって有機スペシャリストになってくれと訴えてきました。各地で頼まれた講演にも普及指導員が同席することが多かったから、本書一一九ページの図表11を資料に載せて紹介し彼らの参考になってくれればと念願しました。

有機農家はそれぞれ年中忙しくて、遠い地の異種の農法を見学する機会などなかなか持てません。それを仲介し、案内できる技術指導者がほとんどいないからです。日本有機農業研究会など農民団体が学びの機会を持つことがありますが十分とはいえないし、広範な技術情報を持つ解説者がいないと見学の意義も十分には発揮されません。それぞれの農家が有する価値の高い技術を相互に学び、切磋琢磨してブラッシュアップする条件が、あまりにも拙劣なのです。

これが他国と異なる日本農業界の大きな弱点です。国は「みどりの食料システム戦略」で有機農業の飛躍的拡大をめざすとしましたが、そのための技術展開を要約すると「新技術の研究開発と普及」だと書き込んであります。その外部資材依存の姿勢は従来路線のままで、そこに根本的な問題があります。すでに現場にたくさんある有用な農民技術の収集と検証、技術の昇華、普遍化に取り組もうとする姿勢に欠け、それを担うスペシャリストの育成については全く触れていません。

農家間に各地の有用な技術情報を仲介し、スキルアップを促すための指導と支援を担う有機農業スペシャリスト、コーディネーターの存在なしに、有機農業の発展は望めないだろうと思います。新規就農者育成の課題についても課題は重なります。現場感覚に優れ有機農業を理解した指導者が、全国に少なくとも二〇〇〜三〇〇名（各都道府県に五名以上）は必要です。

第6章　有機農家を育てる

私が化成肥料と化学合成農薬を使う慣行農法に決別し、有機農法の実践者として第一歩を踏み出したのは一九九四年でした。鯉淵学園農業栄養専門学校の教員だったので、農場実習や実験授業では、無農薬・有機肥料の栽培技術指導に転換しました。一九九九年に「有機農法論」という新科目を起こし、二〇〇九年には日本で最初の有機農業専修課程「有機農業コース」(二年制)もつくりました。

農水省の事業「就農準備校」(一九九六年〜)を担当して以来、有機農家になりたいと希望する人の多いことを知って、社会人向けの有機農業技術紹介にもできるだけ尽力してきました。

そうこうして三〇年、未来の農の現場からきっと求められるであろうとの思いで、有機農業技術のスペシャリストをめざして、さまざまに試行錯誤を重ねてきました。実践的技術者としてのニーズを肌で感じたのです。

国を越える本来の農

有機農業が未来の農のあるべき姿だろうと、そう思ったきっかけの一つは青年海外協力隊員の技術補完研修を担当したことにありました。JICA(国際協力機構、当時は国際協力事業団)青年海外協力隊（二〇～三九歳）の農業隊員合格者だが、専門知識と実技に不足がある者を対象に、一年間の派遣前研修を鯉淵学園が委託されました。一九九三年から毎年五～六名の青年がやってきたのです。彼らの職種は「野菜栽培指導」で派遣国もすでに決まっており、赴任先の地域や事業体（町村の農業指導部署、NGO農業支援地域事務所など）からの要請は、大半が「化学肥料や農薬、動力機械などを使わなくてもできる栽培の指導」でした。

一九七〇年代のころから有機農業者の存在は知っていました。有機農業になんとなく興味を覚えていたのですが、非効率性や「草だらけ」といった農業界の偏見に私も毒されていて、自分のとるべき方向とはまだ考えていませんでした。

ところが、青年海外協力隊に寄せられる途上国からの期待が、ほぼ有機農業だったことが私の目を開かせたのです。途上国のへき地零細農業の実態を知るにつけ、何のことはない、私が幼小時から少年時代に体験していたかつての日本の農村に通じるところがあったのです。

私が生まれ育った家は水田五反、畑五反ほどの農家で、家族と隣近所が互いに協力し合って行う昔ながらの有畜複合農業でした。五歳上の兄には及ばなかったものの、少年時代からそれなりに農作業や日々のくらしの作業のあれこれに参加していました。その原体験が協力隊の研修指導にとても役立ちました。

それだけではありません。現代農業技術の先進性（？）に目を奪われて、本来の農の原点を見失いかけていた自分を取り戻せた気がしたのです。国や地域、経済発展のレベルを超えて「有機農業」こそが農の本来の姿なのであり、その普遍性はむしろ未来に再評価されるのではないか。ほとんど直感でしたが、確信を持ってそう思いました。未来の農の世界ではおそらく有機農業が主課題になり、有機農家が主役になるだろうと。一九九三年のことです。

就農志向者のニーズ

一九七一年に日本有機農業研究会が発足し、その後ピーク時には全国で五〇〇〇名もの有機農家やその関係者が研究会に結集したといいます。農家後継者が慣行農法から転換した事例も多かったのですが、非農家生まれでゼロから学んで参入した有機農家がたくさんいて、時代としては画期的でした。慣行農法からの転換には、農村の実情からすると多分に抵抗感が伴いますが、新規参入者には農村特有のしがらみもなければ、農法についての固定観念もなく、有機農業に取り組みやすかったでしょう。

とはいえ社会の認知度も低く、農家になるという「起業」には資金や住居の確保、技術習得などのハードルは相当に高かったに違いありません。だれでも気軽に農家になれるような状況ではありませんから、志望者のごくごく一部しか有機農家になれませんでした。行政はほとんど全く関知せず助成金の類(たぐい)はなかったし、有機農業を学べる場所も、地方の一部の農業高校など一~二の事例しかありませんでした。

一九九六年、農水省が全国八か所の農学校・園芸学校に委託して「就農準備校」を開始しました。地方移住のニーズが相当に高まったことを受けての政策でした。勤労者を対象に「働きながら学べる就農準備講習」です。著者の職場だった鯉淵学園でも受託し、私が担当者になりました。受講者の希望を集めてみると、多くの人が有機農業的な技術を知りたがりました。有機農業の存在を知らない人が多かったのですが、「農薬は使いたくない、有機肥料の使い方を知りたい」人が多数派でした。

そうした要望は、私にはさほど意外ではなく、地方移住、田舎暮らしのニーズと有機農業的なくらし方はまったく矛盾のないものでした。そんな経過の中で、有機に転換したばかりだった私には、有機農業技術の研究とともに必然的に有機農家の育成が大きなテーマになりました。自身の研鑽と同時進行でした。

三〇年近く前のことですが、有機農業あるいは有機的なくらし方に強い関心を抱く農村志向の市民の意識と、有機農業の存在などほとんど知らない農村現場の人々（農家、農協、農業行政）の意識とで、すでに相当の乖離があったのです。その乖離によってもたらされる未来予測に、農村現場の人々、農業指導の行政機関、農協の関係者は早く気付くべきでしたが、近年まで目も耳も閉ざしてきたことが悔やまれます。

NPO運営の研修農場

今から四半世紀も前の一九九九年のことです。鯉淵学園農業栄養専門学校の農業科に、新科目「有機農法論」を開講しました。有機農業の技術を課題にした六か月一五回三〇時間の科目でしたが、教材に困りました。テキストにできる本がどこにもなかったのです。

そこで、授業は大量の配布資料をつくって行いました。二年後、この配布資料を基にしてテキストづくりに着手しました。原稿を書き、作図し、撮りためた写真を整理し、足かけ六年で刊行したのがB5判三一九ページの『解説日本の有機農法――土作りから病害虫回避、有畜複合農業まで』（二〇〇八年、筑波書房）です。稲作の部分は栃木県野木町の有機稲作農家・舘野廣幸※さんが執筆してくれました。

この本の巻頭言「はじめに・有機農業を志す人へ」には舘野さんの思いが詰まっていてとても魅力的です。舘野さんは大学卒業後に農家を継ぎましたが、農薬頼みの作物栽培に強い疑念をいだき、一九九二年から有機農業に転換した人でした。日々有機稲作に精を出しながら、足尾銅山の鉱毒被害を命を賭して世に訴えた田中正造を慕ってその事績を広く紹介する活動をしています。また、農民のくらしに根ざした文学者であり農学校教員でもあった宮沢賢治に深い造詣を持つ舘野さんその人が、とても魅力的です。日本でおそらく初めての有機農業テキストであることもそうですが、舘野さんと組んでつくったことが誇りになりました。

※舘野廣幸『有機農業みんなの疑問』（二〇〇七年、筑波書房）が名著です。

その当時、学生への有機農業指導と同時に、週末には社会人向けの「有機栽培講座」も行っていました。年齢性別を超えてさまざまな人が受講し、熱心な就農希望者がたくさんいて、就農に向けた相談を受けることしばしばでしたが、学校教員の立場ではできることに限界がありました。このモヤモヤをどうしようかと、当時ずいぶん悩んだものです。

二〇一〇年秋、おそるおそる妻に相談を持ちかけたのが、学校を退職して自ら農家になり、自分の農園で有機農家を育てる「研修農場」たち上げのことでした。当然といえば当然ですが、妻は大反対。「食べていけるのか？」という率直な反論でした。当時五六歳。六五歳まで働ける職場を自ら去ろうというのですから、学園長も「ここで働け」と慰留してくれました。

家族と職場にはできるだけ丁寧に意思と計画を説明し、何とか認めてもらいましたが、自分自身も不安がなかった訳ではありません。しかし、この決断を後押ししてくれる人がたくさんいたのです。古くからの友人たちのほか、農水省「就農準備校」に通ってくれた人、独自にたち上げた「週末有機栽培講座」を受講した人たち、少しずつ交流の輪が広がっていた周辺の有機農家の人たちなどでした。心強い応援団がいてくれると信じて、独立農家になる決断ができました。

二〇一一年三月末退職の間際、四月就農の直前に東日本大震災があり、福島第一原発の爆発事故が起こりました。原子力発電所という「この世にあってはならない」ものを呪いました。タイミングの悪さなど考える余裕はありません。後に引けない、前に進むのみ。

原発事故に足をすくわれたものの、その後、何とか踏ん張って研修農場を軌道に乗せ、二〇二三年三月までの一二年間に二〇人余の就農者を送り出すことができました。紆余曲折はあったものの、充実した研修農場を続けてこられたのは、多くの友人知人が支えてくれたからでした。また、管轄の農業改良普及センター担当者の理解ある支援もとてもありがたいものでした。

五七歳、そこそこの退職金を元手に始める農業自営ですが、ささやかでも利益があれば農家育成につぎ込もうという魂胆でした。おそらく投入資金の回収は無理だろうと思いつつそのことは妻にも言えません。一二年後、結局貯金を使い果たして研修農場を閉じることになりましたが、成果には十分な満足感が残りました。

その名を、「NPO法人あしたを拓く有機農業塾」(研修農場あした有機農園)といいました。一二年間の研修農場運営で知り合った人は数え切れないくらい多くいます。国の助成金を使って一年以上の研修を行った研修生は一八組。うち一組は事情で就農を断念し、一名は農業法人就職となりましたが、一六組は独立就農者になりました。

このほか、月二回週末に行った「有機栽培実践講座」受講者(延べ約二〇〇名)の中からも数名の有機就農者があったので、二十余組の独立就農に関われました。これが満足感の第一です。

一二年間に、とても多くの就農相談者、有機栽培技術相談者、見学者、一日~短期体験者、家庭園芸誌の取材、委託研修受講者などを受け入れました。総勢四〇〇〇名を超えます。それぞれ微力

「NPO あしたを拓く有機農業塾」から巣立った仲間たち（2022 年）

でも、こうした多くの人々の有機農業理解に貢献できたかもしれないこと、これが満足感の第二です。

ＮＰＯ運営の研修農場の試みは成功だったと思います。さまざまな人が関わってくれて、ダイナミックな人のつながりができました。就農者育成以外にもいくつかの成果があったことが、満足感の第三。それは次のようなことです。

①卒塾者と既存の有機農家で組織した共同販売グループのたち上げ。生協などに共同で有機農産物を出荷する、いわば小さな小さな専門農協ができました。

②地域生産の有機農産物と国産無添加食品のオーガニック直売所の開業。「有機農家が作ったオーガニックの店」二〇一九年一二月開店。四十余名の有機農家が出荷会員になっています。この店は、二〇二三年四月にＮＰＯ友部コモンズに経営権を移譲し、続いています。

③ＮＰＯ効果として、自治体行政になにがしかの有

機農業理解が及んだこと。

そしてもう一つ、秘めた思いがありました。それは、NPOによる農業経営の試みです。今後も家族経営農業が主であることは間違いありませんが、家族間の経営継承だけに期待できない時代となれば、家族以外に継承できる営農のモデルとしてNPO運営という方法もあるのではないか。事業体の利益追求ではなく、スタッフの所得確保を主なねらいとする農業です。そして副次的な意味づけが「公共性」です。農は金を稼ぐだけの仕事ではありません。地域社会の維持、防災、相互扶助、道路や河川などのインフラ管理、自然環境の手入れなど、農家は手間賃を期待できない公共的な仕事のなんと多くを担っていることか。日本中にNPO農業を普及させてもいいのではないか、ずっと前からそんなふうに思っていたのです。

新たな研修機関をたち上げる

NPOあしたを拓く有機農業塾は、専務者の私の事情とコロナ禍による資金繰りの行き詰まりもあって、二〇二二年九月をもって解散しました。もっと続けたかったのですが、やむを得ません。研修農場は閉じることになりましたが「研修を受けたい」という希望者は途切れませんでした。「別の形で研修できる場を考えるから、待機していてください」と伝えて、希望を捨てさせないことにしました。

別の形は、数年前から構想していました。地元の笠間市と、隣の城里町には、私のもとで学んで就農した有機農家のほか既存の有機農家もいました。営農五年を超えて経験豊富な有機農家なら、協力し合えば研修生の指導ができるだろう。新たな「研修生受け入れ団体」を作れば就農者育成を途切れさせずに続けることができる――そう考え、七名の有機農家に新団体設立を呼びかけて賛同を得、原案をつくって茨城県の担当課と管轄の普及センターに相談すると、「ぜひつくってくれ、支援する」といってくれました。

こうしてできたのが、「笠間・城里地域有機農業推進協議会」（笠城有推協）です。笠間市と城里町の農政課に理解と協力を得て、茨城県に申請しました。その結果、県知事認可の研修機関になることができたので、研修生は国の助成金を使えます。二〇二三年五月から二名の研修生を受け入れて活動を開始、私は事務局として参画しています。

笠城有推協のように、農家の集団が研修生受け入れ団体として有機就農者を育てる事例は全国にいくつもあります。各地にある有機農家集団は、生産物の販売ルートを共有する事業集団でもあります。巣立った新農家は、この事業集団に加われば就農後も技術面の助言をタイムリーに得られるし、販売網にもすぐ参加できます。先輩農家にとっても集団の機能強化になるので、人を育てる意義は大きいのです。

先のＮＰＯ法人あしたを拓く有機農業塾は、主に畑作物（野菜、麦、大豆）の栽培指導でした。水田を持たない私にはできませんでしたが、より切実な課題が実は有機稲作の就農者育成のことです。当地でも耕作放棄され荒廃した水田が年々拡大しています。若手の稲作専業農家は、人口七万余の笠間市に片手で数えるくらいしかいないのが現実です。若手の稲作農家の切実な声は「仲間がほしい」です。笠城有推協には、優れた有機稲作農家がいます。まずは有機稲作就農者を育てたい。それができる研修機関ができたのです。

有機農家三〇万人化をどうするのだ

日本の食料自給率はカロリーベースでたったの三八パーセント。食料の三分の二を輸入に頼っていて、世界一九六か国のうち最低ラインです。気候危機、生物多様性の危機、農地土壌の劣化などから、世界中で喫緊の課題として食料問題に焦点が当たるようになりました。生産性低下への懸念とともに、ウクライナ戦争の影響もあって今後の食料貿易に暗雲が立ち込めています。この先、日本が安定的に食料を確保できる見通しは立たなくなりました。

日本の低自給率は、農家の劇的な減少が背景にあります。農林水産省の「農林業センサス」によると、農業従事者数の推移は、一九五〇年一三五〇万人、一九七五年四九〇万人、二〇〇〇年二四〇万人、二〇二三年一一六万人です。過去七〇年余りで、一二分の一に減ってしまいました。現状は全就業人口のわずか一・七パーセント。壊滅的です。

農家を減らしたのは農政そのものです。そう言うしかありません。その農政（食料政策）は、工業製品輸出に重きをおいた国の経済政策の裏返しであり、その結末が現在と未来の「食料危機」につながっているのです。大企業経済界のもうけ優先で、適正な社会のありようと国民のくらしを後回しにした戦後政治のつけが国民の食、いのちを脅かしているのです。

二〇二一年五月、農林水産省は「みどりの食料システム戦略（食料・農林水産物の生産力向上と持続性の両立）」を公表し、世間を驚かせました。農林水産業のCO_2ゼロエミッション化などとともに、有機農業のシェアを二〇五〇年に二五パーセント（一〇〇万ヘクタール）にしようとするプランだったからです。翌年に法制化されたこの課題は、有機農業関係者には歓迎と懸念の両方で論議の的となりました。有機農業の拡大は世界の趨勢（すうせい）であり、当然の流れです。EUは二〇三〇年目標がシェア二五パーセントであり、日本の二〇年先を行っています。すでに一〇パーセントを超えている国が多数ある中、日本はわずか〇・六パーセントです。

私の見立てでは、二〇五〇年二五パーセント化は困難だろうと思います。一〇〇万ヘクタールに見合った有機農家の確保ができないと考えるからです。現状の有機農業面積は二万五〇〇〇ヘクタール、有機農家は一・五万戸程度。平均耕作面積二ヘクタール未満です。小面積の兼業農家を入れても二万戸そこそこでしょう。一〇〇万ヘクタールにするには面積で四〇倍化が必要で、戸別耕作面積を五ヘクタールに拡大したとしても二〇万戸。三ヘクタールなら三〇万戸以上の有機農家が求められるのです。

どうやったら有機農家が育つか。農村はすでに体力が失せました。人を育てる力はほとんど残っていないのです。有機農業を教えられる農学校は全国に数校のみ。教えられる教員、指導者がごくわずかしかいない日本の現状を、危機といわずになんというのでしょうか。

技術指導者が足りない

大学の農学系学部に有機農業に関連する講座や科目がいくつもあることは承知しています。ですが、現状の大学教育で農家が育つかどうかは疑問です。有機農業に関わる大学教育は、土壌肥料や病害虫など技術系の狭い専門領域か、社会科学系の分野がほとんどです。生産技術の実践力はおそらく育てられません。

農家育成を目的にした学校としては、農業高校のほかに、道府県の農業大学校四二校と数校の農業専門学校があります。これらの学校で有機農業を正規の課程で教えているのは、私の知る限りこれまでは次の三校だけでした。愛農学園農業高等学校（三重県）、島根県立農林大学校（二年制有機農業専攻、二〇一二年開講）、埼玉県農業大学校（一年制有機農業専攻、二〇一五年開講）。二〇二四年度に群馬県が有機専攻（一年制）を開講しましたが、それでもやっと四校です。

このほかに、一般社会人を対象に有機農業あるいは「有機栽培」を指導する短期の「研修コース」や「講習会」程度のものは、大学校と民間の学校がいくつか実施していますが、その内容については いずれも心もとないものです。信頼に値する指導力をもっているのは、日本農業実践学園

（茨城県）くらいのものです。

農業の技術指導力を身につけるには、こうした学校教育での教職経験がものをいいます。実習農場でさまざまな作物を教員自らが栽培し、現場で学生指導しながら技術力を磨く機会があるからです。ところが、実践的な有機農業教育を行う学校が数校しかないということは、実践力を身につけた指導者が育つ機会がそれしかないということです。

二〇〇九年、私は鯉淵学園農業栄養専門学校に二年制の有機農業コースを開講しました。正規の教育課程としては日本初でした。二〇〇二年から実習圃場（ほじょう）でJAS有機の認証を得ていたし、二〇〇八年にはテキストも刊行しました。こうした経緯があったから、その後、島根県立農林大学校の有機農業専攻たち上げに協力することができました。埼玉県農業大学校にも講師として協力できました。

全国の農業改良普及員を対象にした農水省の有機農業研修で、二〇一一～二〇二〇年の一〇年間、講師を務めました（次ページの写真）。その際、受講した普及員諸氏に毎回こう訴えました。「実践力ある有機農業指導者になるためには、有機農業技術に関する試験研究を担当するか、農業大学校に有機専攻をつくって教育指導にあたることです。できればその両方を経験できることが望ましい。自分で栽培できない人は指導者とはいえない。大学校に有機専攻をつくるよう皆さんから声を上げてください」。

しかしその後も、島根、埼玉、群馬の三校以外には有機専攻が誕生していません。おそらく、指

著者が講師を務めた農水省事業「農業改良普及員向け有機農業技術研修」

いちばん下は農家のボカシ肥料づくり

導力ある教員を確保できないから専攻をつくれないのです。有機専攻をつくれないなら今後も指導者は育たないでしょう。土壌肥料や病害虫の専門家がどれだけたくさんいても、有機農業教育はできないのです。このジレンマを早く解決しないと、有機農家三〇万人化など夢のまた夢です。

農家三〇万人に減る？　農業予算を四倍増、五倍増に

二〇二三年八月一六日付の朝日新聞に、希望をなえさせる記事がありました。タイトルは「農家の価格転嫁制度検討」で、農家の肥料や燃料代のコスト上昇分を販売価格に適正に転嫁できるよう、制度づくりの「検討を始める」というものでした。

この記事の中に農家数のことが書かれていました。「農産物はスーパーの値下げ競争の影響で価格が抑えられ、疲弊して農業をやめる人が相次いでいる。主に農業に従事する人は一二三万人（二二年）で、……二〇年後は三〇万人に減ると予想する」とありました。農水省自身がそう予測しているのです。

有機農家三〇万人化どころではありません。主業農家三〇万人で、どうやって日本国民に必要量の国産食料を供給しようというのでしょうか。二〇年後、海外からの食料調達が厳しくなる予測があるにもかかわらず、農水省はただ予測するだけなのでしょうか。

日本が飢餓の国に陥る日は、そう遠くないかもしれません。可愛い子どもや孫たちの未来が心配でたまりません。今、私たちにできることは何か。一人でも二人でも、「農業したい」人を農家に育てる活動をやみくもに続けるほかありません。農家が激減したら国の将来が危ぶまれることを、必死に訴えるしかないのです。

しかし、そんな現場努力だけでは焼け石に水です。国策として大規模に農家育成に取り組むべき時です。政府に訴えたい。軍事費（戦争準備費）を二倍（一一兆円）にするのではなく、農業予算の五倍化（一一兆円）に取り組むことが真に国民を守る方法です、と。

第2章「農の危機、食の危機」で、農業予算が悲劇的に縮小されてきたことを述べました。もう一度ここに記してみます。

一九八〇年の国家予算が四二・五九兆円で、農業予算は三・五八兆円（八・四パーセント）でしたが、四三年後の二〇二三年は国家予算一一四・四兆円、うち農業予算は二・二六兆円でその割合はなんと二・〇パーセントのみ。国の予算に占める割合は四分の一以下に縮小されていました。この事実は衝撃的です。

農業者、農業関係者はこうした事実をどこまで認識しているでしょうか。仮に、現在の農業予算を一九八〇年と同じ八・四パーセントにしたらいくらになるか。二〇二三年一一四・四兆円×〇・〇八四＝九・六兆円になります。二〇～三〇年後の国民の食を保障するには、このくらいの予算額があっていいでしょう。

農業予算二兆円ちょっと。こんな脆弱な農業政策では農家が後継者を育てようとはとても思わないでしょう。農業者数は二〇二三年が一一六万人、二〇年後は三〇万人に減るという驚くべき予測。離農者激増の要因はこうした国の姿勢にあるのです。

政府は二〇二四年、食料・農業・農村基本法（農業基本法）を改定し、これまでの食料自給率向上の方針を投げ捨てようとしています。国は国産食料の確保はもうやめるのです。農家の激減に歯止めをかけられない、農家を増やすことなどできないし「そうしない」と諦めるつもりなのです。新農業基本法は、国民の食に「もう責任を持てません」という宣言になってしまいます。

この政府のままでは三〇年後、孫やひ孫の世代は「国産食料を満足に口にできない」どころか飢餓の国に暮らすことになりかねません。食料自給率を上げること、農家を増やすこと、そのためには農業予算を四倍増、五倍増にする必要があることを、強く訴えます。

家族農業のすすめ、肝心なのは農家の数

一九七八（昭和五三）年以来四五年間、私のライフワークは「本来の農」追求でした。若いころはその自覚が希薄であちこちへと迷い、不見識ゆえの徒労もありましたが、ようやく三〇代後半になって目的意識と身の処し方が固まったように思います。不惑というのはその通りでした。

その後、いまに至るまで、農を学びに足を運ぶ人々は、その大多数が農とくらしを一体として考える「家族農業」スタイルを求める人たちでした。農に希望を見いだそうとする人々の多くが「家族とともに農的くらしができる」農家、そういう農民になることをめざしていたのです。そうした人々の思いは正当で、未来予測は的確でした。

国連「家族農業の一〇年」（二〇一九〜二〇二八年）プロジェクトがそれを証明しています。家族

農業は「食料安全保障確保と貧困・飢餓撲滅に大きな役割を果たして」（農水省ホームページ）おり、農業者の九五パーセントを占めて世界の食料生産の八〇パーセント以上を担っています。さらには「社会経済や環境、文化といった側面で重要な役割を担っている」（国連食糧農業機関）のです。

対して大規模な企業経営農業は、生産に用いる燃油、生産資材の製造エネルギー消費、さらにはグローバルな農産物運輸にかかるエネルギー消費が膨大で、エネルギー収支のマイナスがとても大きいのです。家族農業が「人力重視、省エネ」「地域資源活用」「地産地消型」で自給圏を担っているのと対照的です。気候危機への対応、食料安全保障や飢餓対策にとって、家族農業が優越なのは明らかです。

NHKスペシャル「食の防衛線、第一回主食コメ・忍び寄る危機」（二〇二三年一一月二六日）が、二〇年後の食料危機を鋭く警告していました。数千万円の負債を抱えて倒産した二〇ヘクタールの稲作法人は、米価の低迷に対して肥料代や燃油などのコスト上昇で負債が膨らむばかりだったといいます。米どころ秋田県では担い手が高齢化して稲作から撤退が相つぎ、米の供給力が急激に縮小する様を映し出しました。今後ますます担い手が激減するのです。ごく近い将来、米の供給が危機に陥ると告発する番組でした。

ところが肝心の農水省幹部は、番組内で「まだまだ規模拡大で合理化は可能。農業者が三〇万人に減っても食料確保は可能と考えている」と胸をそらしてうそぶくのです。人に投資しようとせず、世界の趨勢を無視し、未来人のくらしに無責任な政府の野放図な姿勢を如実に物語っていました。

国際気象機関（WMO）は、二〇二三年の世界の気温は産業革命前に比べて一・四五℃高くなったと発表しています。一二万五〇〇〇年前の最終間氷期以来の高気温だったというのです。大規模農業は温暖化を促す要因でもあります。食料安全保障対策と併せ、「大規模農業」「もうかる農業」などというまやかしの農業政策にしがみつくわが国政府の姿勢にきちんと物申すこと、そして未来人のためのまっとうな対案を準備することが必要です。

家族農業は「労働力の過半を家族労働力でまかなう農林漁業」（国連の定義）のことで、二ヘクタール未満が八五パーセント、小規模農林漁業ともいわれます。わが国の家族農業経営の規模もほぼ同程度。水田稲作専業農家や、北海道の家族経営畑作とか酪農などはこれよりやや大きいのですが。

家族農林漁業プラットフォーム・ジャパン（FFPJ）は「これまで、先進国・途上国を問わず、小規模・家族農業の役割は過小評価され、十分な政策的支援が行われてきませんでした。『時代遅れ』『非効率』『儲からない』と評価され、政策的に支援すべきは『効率的』で『儲かる』『近代的企業農業』とされてきましたが、ここにきて農業の効率性を測る尺度自体が変化しています」と説明します。

「農業の効率性は、労働生産性のみで測れるものではありません。土地生産性は大規模経営よりも小規模経営で高いことが知られています。また今、重要視されているのがエネルギー効率性です。化石燃料等の農場外部の資源への依存度が低い小規模・家族農業の隠れた効率性が注目されているのです」。

国連食糧農業機関（FAO）の事務局長は二〇一三年、「家族農業以外に持続可能な食料生産のパラダイム（規範的な考え方）に近い存在はない」と言いました。日本は「家族農業の一〇年」提案国の一員でした。日本政府は政策的に家族農業を柱にすえて支援するのが筋なのに、いまだに「大規模企業的農業」を推進していて、その姿勢は大いなる矛盾です。それはなぜか。政権の新自由主義路線、経済界への思惑がバックボーンにあって、その縛りから抜け出せないのです。

大規模企業的農業は農外産業が儲けやすいしくみなのです。農政の最重要課題は「農業者減少への対策」でなければならないのですが、農水省幹部の言によれば、政府はもはやこの課題を投げ捨てたことがわかります。このことについては、反論する側、農民団体や野党の対案においても具体性が不十分です。農民を育てる計画を誰もどこも具体的に提案しようとしないように見えてジレンマを覚えます。わかる人がいないのでしょうか。

日本の食料安全保障において、肝心なのは農漁民の数。環境対策についても同じ。減らさず増やすべきは経営体の数でもあるが、生産力だけの認識では不十分です。地域社会の担い手であり、技術・技能を持った「農漁民の人数」こそが必要なのです。農業予算の四倍増、五倍増が喫緊の課題だと述べましたが、その中心的なテーマは人への投資であるべきです。

何度もいいますが、農業が行っているのは経済活動だけではありません。食の供給のほかに、農村社会を維持し、環境管理を無報酬で担ってきた歴史を顧みるべきです。人なくして地方は守れない。例えば獣害の多発は、里山を適切に手入れできなくなったことが大きな要因です。里山を管理してきたのは誰か。農山村の「家族農家たち」です。

農ほど必要不可欠な仕事はない

二〇二三年一二月、茨城県つくば市で行われた新・農業人フェアというマッチングイベントに行ってきました。農業に関わる求人者と農業の世界で働きたい求職者との「出会いの場」です。求人側は、学生を募集する農学校、スタッフ募集の農業法人、研修者受け入れ農家集団や移住者を求める市町村などです。求職者は、農業法人等に就職したい人と、独立農家になりたい人に大別されますが、そういう区別さえ知らずに情報を求めて参加する人も多くいます。農への純粋なあこがれが動機の「第一歩」なのです。全国規模のフェアが東京や大阪などであるほか、道府県ごとのフェアもあります。

数年ぶりに、茨城県内版のフェアで研修生を求めてブースを借りました。笠間・城里地域有機農業推進協議会として、有機稲作農家と二人で参加したのですが、わがブースに来て話ができたのは二六歳の青年一人だけでした。

農学校や農業法人、地域ごとの「就農支援協議会」、農協の「研修生受け入れ農場」など四七のブースに対し、来場者は四二人にとどまりました。「えっ、こんなに少ないの……」というのが実感でした。数年前は県内版でも一〇〇名以上の来場者がいて、数名以上の人と対話ができたのです。

主催者に聞くと、来場者は年々減少しているといいます。

　これは危機です。国民全体にとっての危機と感じました。農業者の減少に歯止めをかけるために、新規参入の農業者を一人でも多く育てる必要があり、こうしたマッチングの機会はとても重要なのです。そのフェアに来る人が少なくなったというのは、国全体の人手不足が背景にあるからでしょうか。

　エッセンシャル・ワーク（必要不可欠の仕事）の分野で軒並み「働き手不足」が深刻化しています。医療や福祉、物流、学校教育や保育、電気ガス水道やゴミ収集などインフラに携わる仕事、そして食料の生産と供給、農家や漁師です。進む高齢化と少子化で人口のピラミッド構造が歪（ゆが）んでいるばかりでなく、経済成長一点張りの国の政策が、社会構造をゆがめてしまったのではないか。国費の使い方に問題があるのではないでしょうか。

　都道府県など地方の施策にも問題がありそうです。農業生産額を維持できればよいとして、農村部の社会インフラや環境保全、そして農家数の確保に公共投資しない姿勢は、未来社会を危うくします。

　持続可能な社会の構築が二一世紀の最大の課題です。エッセンシャル・ワークへの投資配分を厚くすることが、その答えの一つです。働き手の所得をより高水準にするための施策がすぐにでも必要です。例えば、積極的に農家を育てようとする姿勢を持つ自治体、そういう地域に人が集まるのではないでしょうか。

二〇一三年から七年間、私は島根県に有機農業アドバイザーを委嘱され、最初の四年間は毎年四回島根県を訪れました。農業技術センターで行われるワーキング（有機農業に関わる技術研究者と普及担当者の情報交換会）に出席して助言することと、県内各地を有機担当普及員と巡って現場指導する仕事でした。

島根県には、特徴的な農業振興策がありました。その一つに「産業農業とくらし農業」という区分認識があり、その両者をともに振興対象にしていました。全国的には「もうかる農業」などといって、島根県のいう産業農業だけを支援する制度設計になっています。ところが島根県は、小規模農家、兼業農家も地域農業の重要な役割を担っていると評価して支援対象にしているのです。「半農半X」という表現があります。従来型の兼業農家とは少し異なり、主に移住者で「農業のかたわら副業も」あるいは「本業を持ちながら農業も」という新しいスタイルの農家のことをいいます。島根県内の多くの市町村は、半農半Xの人々にも住宅提供などの手厚い支援を行い、県もそうした農家への指導を怠らないのです。

くらし農業、半農半Xを大事にするなど、元からの地域住民の力、さらに移住者の力も大いに頼りにして、ともに豊かになろうとする姿勢です。これは、経済至上ではなく「人が地域を支える」のであって、地域とともにある農は「人なくしてはできない」という考え方です。農は何より必要不可欠な仕事。エッセンシャル・ワーカーである農民を大事にする思想だと理解しました。

島根県は、一六の県立高校が「意思ある留学生」を全国から募集しているほか、隠岐島（おきのしま）の海士（あま）

町(ちょう)、知夫村(ちぶむら)、西ノ島町などで小中学生の留学を受け入れ、「大人の島留学」も進めています。有機農業アドバイザーとして隠岐の島を訪問する機会がありました。引率してくれた若い有機担当県職員が、知夫村の留学中学生をお世話している人や、他県からの移住者で半農半Xに取り組む若者にも引き合わせてくれました。そして、留学生や移住者と相和してともに地域を盛り上げていこうとする住民たちの、穏やかでかつ希望を感じさせる笑顔が印象的でした。

四二道府県にある農業大学校（農林大学校）の中で、他に先駆けて「有機農業専攻」を最初に設置したのが島根県です。二〇一〇年に島根県の有機農業グループ長がわざわざ私を訪ねてきて「有機農業専攻」設置に協力を求められました。二〇一二年に開講したこの有機農業専攻に関わることができたのは光栄であり、人づくりに前向きな県農政の方針を肌で感じて嬉しかったものです。

日本の未来は、人に投資する地域づくりに最大の期待がかかります。必要不可欠な仕事を担う人を大事にする社会であってほしいと、そう願うばかりです。

第7章　農とくらしの技

第2章の「農とくらしの激変期があった」で少し述べましたが、歴史的に長く続いてきた農の技とくらしの文化が、一九六〇年頃を境に大きく様変わりしました。その後の農と農村は経済活動一色になり、農民百姓は「農業者」と呼ばれてお金のためにあくせく働くばかりになってしまいました。

お金を稼ぐ農作業が中心になり、それまでの豊かな農の技とくらしの文化を活用できなくなり、次の世代に繋げることもできなくなりました。後ろを振り返るゆとりがなくなったのです。ではお金をたくさん稼いで新しい農業に希望が持てたかというと、そうはなりませんでした。後継者のいない高齢農家ばかりになり、離農者が激増して農村の過疎化がすすみ、廃村まで現れました。

今この時代になって、都市部から地方に移住し、落ち着いたくらし、真に豊かなくらしを求める人々が現れています。新たに農漁民になろうという人たちです。そうした人々が求める農や漁は、それで経済的に豊かになろうというよりも、農や漁の、あるいは暮らしのさまざまな技を身に付け、自給的な豊かさを求めてのことなのです。現代の農業が過去に見捨ててしまったものにこそ真の価値を見いだそうという人々がいるのです。決して多数者ではありませんが、そういう人々の存在に光明が見いだせると考えます。

この章では、私が幼少時以降に体験したいくつかの農とくらしの技を紹介してみます。わずか数十年前に、そんな農のくらしがあったことだけでも記録に残せれば幸いですが、あるいは未来人にとって有為なヒントになるなら、なお幸いです。カギは手わざ、身近な資源の利活用、動物と共に生きるすべ、自然の恵み、などです。

藁の話

「子どものころ藁の布団に寝ていた」と若い人に言ったら、その人は私が藁くずの中に埋もれて寝ていたと想像したみたいで、一緒に笑ってしまいました。乾草のような藁くずの山を想像したのも無理はないですが、そうではありません。ちゃんと「木綿の布袋の中に稲藁クズを詰めた敷き布団の上で」寝ていたのです。学校に上がる前、一九六〇年ころのこと。兄と一緒に寝ていた祖父が亡くなってからは、四~五歳だった私が兄と一つ布団でした。

この敷き布団、朝起きると中の藁が片寄ってしまって、背中や尻の下は薄い皮だけでした。起き上がる前に藁の片寄りを直す作業をしました。ベッドメイキングです。

一九六〇年代までは、おそらく日本中で農家のくらしは同じようなものだったと思いますが、稲藁はさまざまな農用資材、生活資材に加工され使われていました。私の生まれた家でも、筵、菰、草履、スッペ(雪中ではく草鞋)、雪沓(スリッパ型と長靴型)、藁縄(草履や筵のたて糸にする細いものから、農作業で使う荒縄、荷車などに使う丈夫な荷縄まで各種)、ツグラ(冬に野菜を雪中貯蔵するも

著者自作の菰編み機で菰を編んでいるところ

の、炊いたおひつ飯の保温用）などを作って使っていました。

冬に、父が編む筵のよこ糸になる藁を一本ずつ差し込む手伝いをしました。竹を薄く削った三尺余の細板の先に、葉を梳き取った稈（稲の茎）をひっかけて、綜絖（たて糸を交互に開く）で開いたたて糸の間に素早く通すのです。父は重い綜絖をドスンと下ろす。この繰り返しで、幅三尺、長さ六尺の厚い筵を編むのです。この筵を二枚横に細縄で縫い合わせると、六尺×六尺の敷き筵ができました。わが家の地炉（ジロ、囲炉裏）周りは、夏は板の間、冬に筵を敷いていました。筵編み機は今はもう、地方の郷土資料館などに行かないと見られません。ちなみに、梳き取った葉くずが敷き布団の中身になったのです。

少年時代、菰編みを仕込まれたから、今でもできます。菰編み機は簡単な構造なので、四〇代のころに自分で作って今も使っています（写真）。たて糸の両端を巻いて錘にする菰槌は、生家でかつて使っていた黒光りするものをもらってきて使っています。一〇〇年近く経っているらしいです。

菰編みのしくみは、葦簀(よしず)や簾(すだれ)の製法と同じで、編み機の大小と材料の違いだけです。現代の稲は倒伏を防ぐために稈が短いので幅三尺の菰は編めませんが、私には伝統技術を継承し、人に紹介することが目的なのでそれでもいいと思っています。稲藁の種々の利用は、かつての日本の農耕文化の要ではなかったかと思うのです。

昭和三五年(一九六〇年)の頃までは、菰編みが米づくり農家には必須の作業でした。米俵が必要だったからです。三尺幅の菰を円筒形に巻きつなげ、空いた両端を円形の桟俵(さんだわら)でふさぐと俵ができます。入れるコメの量は四斗(四〇升、約七二リットル)、一斗枡で量って入れました。現代は一俵六〇キログラムと定められていますが、それは一俵(約七二リットル)の米がおおよそ六〇キログラムだったからです。

その頃、藁の米俵から麻袋(南京袋)にようやく替わりました。今から思えば、戦後一五年経つ頃まで米俵が使われていたことが驚きでもあります。麻袋に替わりましたが、入れる米の量はそのまま六〇キログラムでした。中学生のころ、六〇キログラムの麻袋を担いだことがあります。腰が折れるかと思うほど重かった。私は痩(や)せて小柄、体重は四十数キログラムくらいだったと思います。仮に藁の米俵だったら、あるいはそれほど重く感じなかったかもしれません。円筒形のカッチリした米俵とぐんにゃりする麻袋とでは、担ぎやすさが違うのです。麻袋はその後、三〇キログラム入りの紙袋に替わって今に至っています。

三〇年以上前のこと、山形県酒田市の山居倉庫(さんきょそうこ)を見学したことがあります。明治時代に建てられた米保管倉庫です。この倉庫内に掲示してあった写真に驚かされました。モンペ姿の小柄な女性（仲仕）が背中に三俵の米を背負っているのです。重さ一八〇キログラムは驚異的です。通常は、一俵ずつ背負って船積み作業に従事していたと思われますが、たとえ一俵でも相当にきつい労働です。

　もう一つ、荷縄（ロープ）のことで思い出す光景があります。今は建て替えられてもうありませんが、かつて生家の大黒柱の一本には一メートルほどの高さの部分にぐるりとへこみがありました。へこみの幅は二～三センチほど。荷縄を綯（な）うときに、その元の部分を縛った跡です。細縄二～三本に裂いた細布を縒（よ）り合わせ、強く引きねじりながら綯うのです。大黒柱のへこみは、何度も縄綯いに使われ、藁縄がこすれてできた痕跡なのです。囲炉裏の煙に燻（いぶ）されて家中どこもかしこも黒く煤（すす）け、柱や板戸は拭きこまれて黒光りしていました。強く眼の奥に焼き付いています。

　現代では、稲藁は稲刈り時にコンバインで細断され、その後鋤（す）きこまれて田土に戻ります。田んぼから回収されることはまれなので、俵どころか荒縄にさえ利用されなくなりました。稲藁が田土に戻されると、藁の繊維と含有ケイ酸（SiO^{2}）が還元されて土壌改良に活用されます。稲にとって効果的な病害虫対策であり、良質でおいしい米の生産に欠かせない条件になっています。いいことではあるのですが、私のような年代の者にはちょっと寂しさを感じることでもあるのです。

肥土（苗床の土）

「土を肥やす」と、昔の人は言いました。「肥えた土が作物を育てる」という考え方がかつては一般的であったことの証明です。土づくりのことです。「苗半作」という格言があるように、育苗の出来が重要視されました。それで、苗床の土（育苗用土、床土）をしっかりつくって「肥土（ひど）」と呼んだのです。

私の生家は、一九六〇年代に養蚕をやめて葉タバコ生産者になりました。三月上旬に一メートル近く残る雪をどけ、家の前に踏み込み温床を作って育苗しました。夏になるとせっせと葉を収穫し荒縄に一枚一枚差し込んで吊るして干しました。その頃ビニールフィルムが普及し始め、丸木や竹で骨組みした夏場だけの簡易の乾燥場をつくり、雨除けフィルムの下に吊るして乾燥させたのです。踏み込み温床のことは別に紹介しますが、稲藁束の間に米糠（こめぬか）を挟んで水を掛けながら踏み込み、その温床の上に肥土を数センチ乗せて種を蒔（ま）くのです。タバコの種子は極小なため、細かくすりつぶした土で増量して蒔きました。幼少だった私はただ見ているだけでしたが、その光景はしっかり覚えています。

発芽した苗もごく小さく、ピンセットで抜き取って鉢上げ。このあたりの作業から私も参加しました。この鉢、薄い木の板「経木（きょうぎ）」を組んだ鉢でした。経木鉢は縦横高さ一寸五分ほどの底なし。

切込みに沿って折り曲げて、冬の間に数万個を作る作業。子どもも加わって家族総出の作業でした。夏の葉の乾燥作業も子どもが大いに活躍しました。農村では、夏休みの子どもは区別なく「農業従事者」でした。

そのころの肥土の材料については、私には記憶がなかったので兄に聞いてみました。「落ち葉を雑菌のいない赤土と混ぜて二年ほどかけて腐熟させた」「山上の貯水ダムに溜まった落ち葉を分けてもらった」といいます。早ければ一一月から雪が積もり、積雪三～四メートルになる豪雪地帯では落ち葉を集めることができません。落ち葉を使う肥土のつくり方は、おそらくたばこ専売公社（現日本たばこ産業）の指導だったのだろうと推察します。前年に踏み込み温床で腐熟させた稲藁を混ぜてつくることもあったと兄は言います。

肥土のつくり方については、地域ごとに材料はそれぞれ少しずつ異なるようです。農学校で働くうちに、いくつか肥土の例を知りました。もっとも一般的な方法は広葉樹の落ち葉で作る腐葉土で、これに赤土（畑または草地の地下五〇～六〇センチから掘り出す）、または田土を混ぜてつくられました。腐葉土だけを使う例、松葉の腐葉土を使う例、家畜糞も混ざる一般的な堆肥(たいひ)をふるって使う例、雪国では稲藁堆肥に赤土や田土を混ぜる例もあったようです。

田土は畑土より栄養豊かで畑雑草の種子がありません。肥土に適する材料です。稲刈りを終え、秋の一連の始末を終えた後、晩秋あるいは年末までに翌春使う肥土をつくり終えておくことが恒例だった時代の、農の文化の一つ。育苗用土を購入することが一般的となった現代の農民は、作る技術も身近な資源を見る目も、そうした文化を尊重する態度も失いつつあります。

踏み込み温床

踏み込み温床は、早春から夏野菜の育苗を行うための自然エネルギー利用の温床のことで、堆肥の発酵熱のしくみを応用したものです。古代ローマをはじめ世界各地に似た技術があったと伝えられますが、日本では江戸時代初期に江戸近郊の農民によって考案されたとされています。

その目的は、江戸庶民や武家の「初物嗜好」に応えるためだったようです。早出し野菜が高値で売れたのでしょう。一日も早く夏野菜が収穫できるよう、春に温床をつくってタネを蒔(ま)き、温床でそのまま育てて収穫したのです。温かい苗床で揃った良苗を育て、できた成苗を本畑に移植するのが基本ですが、苗の一部を温床に残してそのまま育てると移植した株より数日以上早く収穫できるのです。ナス、キュウリ、インゲンなどに使われました。

子どものころ、私の生家でも踏み込み温床にキュウリの数株を残して育てていました。初物を早く食べたくて、毎日何度も見に行って唾(つば)をのみ込んだものです。初物は仏壇に供えた後、子どもが食べるのを許されました。

苗床としての踏み込み温床はどのようにつくられ、使われたのでしょう。その方法はさまざまでしたが、概要は次のようなものでした（一七一ページの図表12）。

・地上に高さ二〜三尺（六〇〜九〇センチ）、幅四〜五尺（一二〇〜一五〇センチ）の枠を作ります。枠の長さは農家それぞれの生産規模によって二〜三メートルとか、一〇メートル以上のものまであったでしょう。温床枠の壁は、かつては稲藁を使っていました。木枠に藁束を縦にきつく立て並べて上辺を刈り込みバサミで切りそろえます。現代ではコンパネなどで板壁にする例が多いようですが、通気性に難があります。ドリルで穴を開ける工夫が有効です。古畳を使う人もいて、なかなかいいアイディアだと思います。

・中に発酵熱を生じさせる有機物を入れます。基本材料は落ち葉や稲わらなどです。枯れたススキ、ヨシなども使えます。昔の萱屋根の葺き替えで下ろした古ガヤは好適材料だったと思います。これに発熱材料になる家畜糞、米糠、生草（なまくさ）などを挟み、水を掛けながら踏み込むのです。発熱材料の量と割合、かける水の加減、踏み込む強さなどが技術の勘所でした。家畜糞は生であること、時には人糞尿も使われたと思います。現代では生家畜糞はなかなか手に入りませんし、人糞尿はもちろん使いません。米糠や鶏糞が主体です。生草、緑の野菜くずも有効です。落ち葉主体では体重の重い大人が強く踏み込んでもかまいませんが、稲わら主体では大人が踏み込むと酸素不足で発熱に支障が出ます。稲わらの踏み込み温床では子どもに踏ませました。

・踏み込み作業の翌日から発熱が始まり、床内の温度が四〇℃を越えると育苗を始められます。床内を四五℃前後に保つと、上に置く播種箱（プランター）の地温を発芽適温の二五℃くらいにできます。高温性のナスやキュウリなどを蒔けるのです。

・早春の早朝の気温は〇℃以下に下がることがあります。温床内の最低気温を一五℃以上くらいに保つ必要がありますから、温床の上にはフィルムを被せて保温しなければなりません。ポリフィ

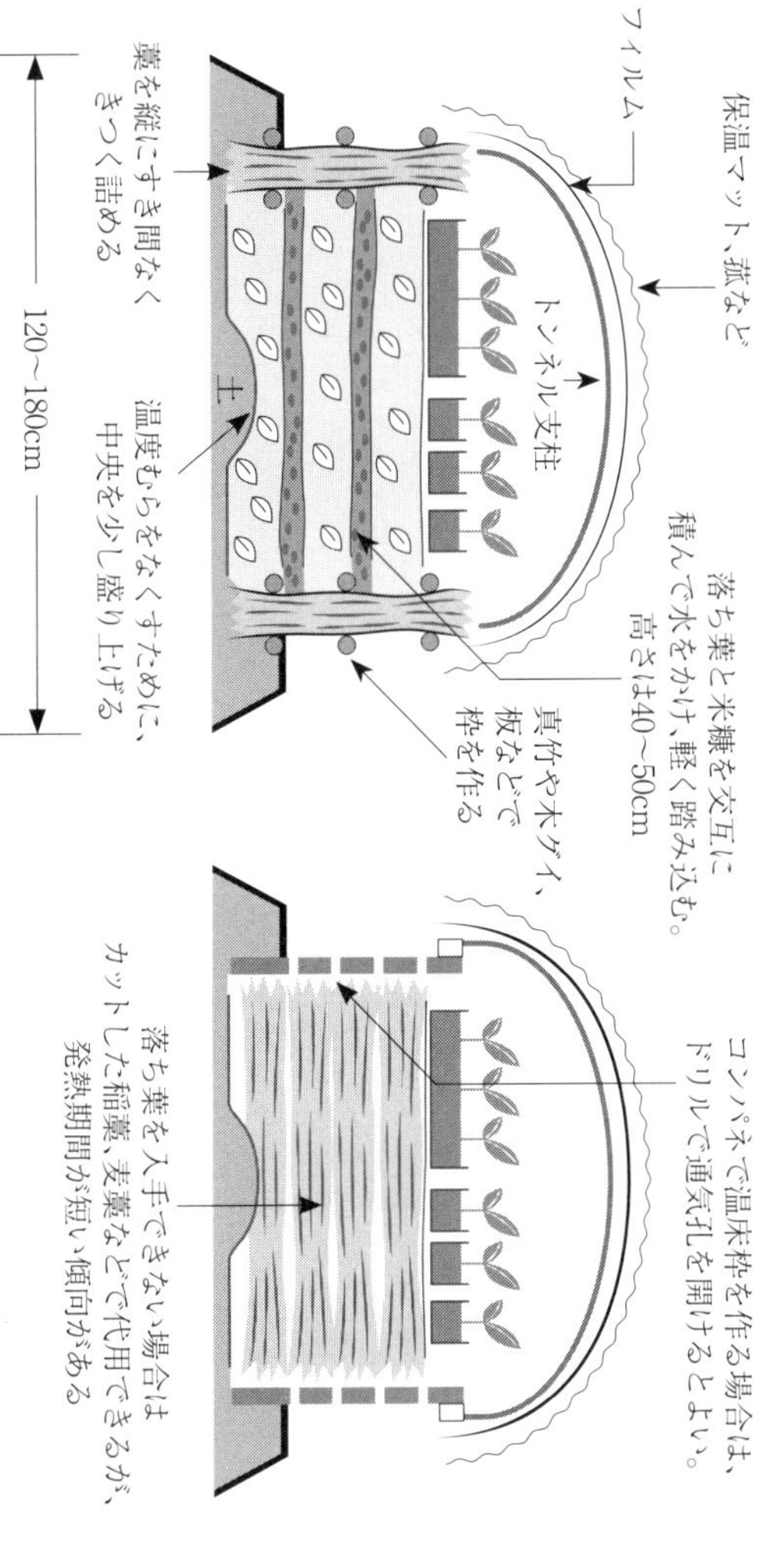

図表12　踏み込み温床のつくり方

ルムとその上に保温マットが必要です。日中はこの被覆フィルムを外したり掛けたりして温度調節を行います。六〇年以前、ビニールフィルムの登場前は、江戸時代からずっと油紙障子を使っていました。早春の保温はその上に菰や莚を乗せていました。私の幼少時はまだ江戸時代方式だったのです。

育苗は、昔は発熱床の上に肥土を数センチの厚さで乗せて、そこに直接タネを蒔いていました。現代では播種箱に肥土（育苗用土）を入れて蒔いたり、セルや連結ポットに蒔いたりします。箱やセルに蒔いた苗は、さらにポリポットに移植して成苗にするのが一般的です。

この踏み込み温床の技術は、伝統的な農の技としては最高位のものではないかと思います。この技術を廃れさせてなりません。現代の農家でこの技術を体得しているのは多くは八〇代以上の人になってしまいましたが、ぜひ若い人々に継承してもらいたいと思います。幸いなことに、有機農業者や有機栽培に取り組む家庭菜園者、半農半Xの人たちで踏み込み温床に取り組む人が増えてきているように思います。ネット記事にも写真付きでたくさん紹介されるようになりました。こうした農の文化を未来人に残すためにも、農そのものの衰退は許されません。

家畜のいるくらし

一九六〇年代以降、日本の農家のくらしはずいぶん大きく変わりましたが、その一つが家畜のことです。かつての日本の農村では、多くの農家でなにがしかの家畜を飼っていました。馬、牛、山羊、豚、鶏などです。それぞれの飼育数は、家畜種、農家の経済や家族数、耕作する田畑の規模などによってさまざまでした。馬だけ、牛だけの農家があれば、複数の家畜種を飼う農家もありました。貧しくて家畜を養えない家もありました。

作物栽培のかたわら少数の家畜を飼うのは、その時代の理由がありました。理由の一は、作物栽培の余りものを無駄にしないで餌に使い、乳や卵、鶏肉などの自給食料を得ること。動物性タンパク質を自給することは農山村のくらしにとってとても有益でした。また、肥育した豚や生まれた子牛、卵などは売りに出すと貴重な現金収入になりました。家畜の世話は老人や子どもも関わって、飼育技術は世代を超えて受け継がれました。

二つ目は、堆肥が必要だったからです。刈草や稲藁など植物だけでも堆肥はできますが、家畜の糞尿は窒素源としてとても有効で、田畑を肥やす土づくりにおおいに役立ったのです。家畜小屋に刈草、稲藁、籾殻(もみがら)を敷いて糞尿をまぶし、定期的に小屋から出して堆積し、切り返ししながら堆肥をつくりました。例えば牛一頭と鶏二〇羽がいれば、当時の平均耕作面積一ヘクタール余の農家にとって相応の堆肥をまかなえたのです。

三つ目の理由は、役畜としての役割でした。農家に耕運機あるいは耕耘(こううん)機が普及し始めたのもやはり一九六〇年ころから。それまでは馬や牛が重い荷を運び、田んぼの代掻(しろか)きに役だったのです。植物質の自給飼料が動物エネルギーに変わり、重くてきつい作業を担ってもらっていたのです。

「家畜」の言葉どおり、こうした動物は「家族の一員」でした。雪の降らない地域で母屋とは別棟に飼育小屋を設けたのは、糞尿の臭いがあり、衛生上のことがありました。しかし雪国では母屋から遠いと真冬の家畜の世話が困難です。母屋の玄関口に馬、牛、鶏などが同居していました。「曲り家（まがりや）」という日本の伝統的な民家の造りで、馬や牛の鼻面をなでながら家に出入りしました。

動物たちの生き死には農家経済の上で大きな事態でもありましたが、同時に家族の祝いや弔いにも似た喜びや悲しみを伴うものでした。子どもにとっては家畜を飼う技すなわち動物とのつき合い方を学び、生と死のこと、生けるものに寄せる心を学ばせてくれる存在でした。

一九六一年の農業基本法以来、そうした有畜複合農家は急激に減り、もっぱら経済動物飼育に特化した「畜産業」が現れ、かつての「家畜」は姿を消しました。金勘定だけでは測れない人と動物の交流は、一〇〇〇年を超える大切な農の歴史だったのですが……。

昭和三〇～四〇年代（一九五五～一九七〇年代）、生家にはいつも家畜がいました。私が物心つき始めたころには黒毛の牝牛と鶏が二〇羽くらいいたし、雌山羊あるいは雌豚も飼っていました。一時期はつがいの兎がいて、池にはいつも鯉がいました。それぞれの家畜飼育の時期は今となっては記憶があいまいですが、家畜がいることがごく当たり前のくらしでした。

牛小屋の後には堆肥の山がありました。敷料の刈草にまぶされた牛糞を定期的に出して積む堆肥からもうもうと湯気が上がる光景が目の奥に残っています。この堆肥は三月末のころ、凍みて固くなった雪の上を橇（そり）で田んぼに運んでいました

有機農家の平飼い養鶏（栃木県市見町）

鶏がいたからいつも卵を食べることができました。親が忙しいときは自分で卵焼きを作って弁当に入れたし、盆と暮れには父親がひね鶏を絞めて肉にしてくれました。肉料理を食べられる年に数回の機会がとても楽しみで、鶏の解体はいつも間近に見ていたものです。骨からは出汁も取り、その後のわずかに肉片がついた骨をもらってしゃぶれるのも嬉しかったものです。

卵は週に一度、農協の職員が集会所に買いに来て、持っていくと一個一〇円になりました。これは兄の仕事でしたが、時には私がその代役を務めたことがあります。その頃は小遣いを手にしたことがなかったのでお金の価値がよくわからず、数百円の金額は子どもにはとても大金のように思えたものです。

牛、山羊、豚はみな雌で、年に一度、種雄(たねおす)

栃木県市貝町の有機農家に鶏の解体を教わる就農希望者たち

を飼っている家に頼んで種付けしてもらい、生まれた子牛、子山羊、子豚は売って貴重な現金収入になっていました。

その頃の農村では、子どもは牛乳の存在を知りませんでしたが、わが家はヤギ乳が飲めました。お産した後のほんの一時だけで味も覚えていないのですが、卵、鶏肉、兎肉とともに食卓に上れば「くらしの満足」そのものになったように思います。幸せのタネは自給にあったのです。

家畜の世話は祖母と子どもも関わりました。祖母が山羊に餌をやりながらぼそぼそと、いつも何か語りかけていた光景が忘れられません。私はいつのころからか鶏の世話役になり、中学卒業まで担いました。餌をやり、卵をとり出し、敷料を足すなどの作業でした。この経験から、後に職場だった農学校の職員宿舎の庭で十数羽を飼って卵の自給をしたし、その後学校農場で「有機圃場（ほじょう）の鶏飼育」も行いました。

家畜のいるくらしの思い出は、いつもとても胸を温かくします。さまざまな光景が色濃く記憶に残っていて、家族と家畜は切り離しては考えられません。

焚き物、山の幸を知る、使う

焚(た)き物などという言葉は、今や死語でしょうか。薪(まき)のことです。囲炉裏(いろり)で暖をとり鍋をかけ、竈(かまど)で煮炊きし、風呂を薪で沸かしていたのはそんなに遠い昔ではありません。私の子ども時代は、田舎ではごく普通のくらし方でした。焚き物は、その時代まで山の幸そのものでした。

桃太郎の話に出てくる「おじいさんは山に柴刈りに……」という表現を、子どものころはよく理解できませんでした。「柴」が何かわからなかったからです。焚き物と同義なのですが、地方ごとにさまざまな呼び方があるらしく、私の故郷では「焚きもん」とか「ボヤ」と呼んでいました。薪にする太い木は鋸(のこぎり)を必要としますが、細いボヤは鉈(なた)か鉈鎌で刈り取れます。「柴」は細い木のことなのです。指の太さから子どもの腕の太さくらいの雑木を、大人の背丈くらいの長さで刈り揃え、これを囲炉裏や竈に焼(く)べて使うのです。蚕に葉を食わせた桑の枝も焚き物でした。

わが生家も、かつての自家用燃料はほぼこのボヤでした。晩秋、農産物の収穫と屋内への取り込みがすむと、各戸に割り当てられた五反歩ほどの割地（集落林）に行って一年分のボヤを刈り、その場所に積み重ねて置きます。これを「にお」といいます。冬を越して四月初めのころ、降雪が止んで固くなった雪の上を橇(そり)で山から運び下ろすのです。

家の近くにまた「にお」に積み、秋まで乾燥させます。そして晩秋、一年越しのボヤを母屋の一隅に運び込むのです。わが家では二階の焚き物部屋に運び上げていました。雪ふかい越後では屋外や別棟に置いたのでは使えないからです。囲炉裏のある居間の天井の隅に三尺角の穴があり、その真下に木枠で囲まれた焚き物置き場がありました。囲炉裏や竈で使う一日量のボヤを、その穴から下に落とします。落としたボヤは鉈で短く切って使うのですが、その作業台は一抱えもある堅木の輪切りです。ボヤは細いとはいえ、真横に鉈を振り下ろしてもそうそう切れるものではありません。「斜めに刃を入れれば切れる」技は、みな子どものころに学ぶものでした。ちなみに、囲炉裏の煙は天井の穴から屋根裏に上り、屋根には煙出し口が空いていました。

このボヤ刈りには幼少の私は参加できませんでしたが、後に橇で運び下ろす、太い丸太を春先雪の上で鋸(のこぎり)で短く切りそろえる、「にお」に積んだり、母屋に運び入れたりするなどの作業に加わるようになりました。こうした一連の作業と、山の資源とのつき合い方を、子どもながらにも経験できて幸いでした。

親たちは秋のボヤ刈りに、それを束ねるための縄は用意しません。「木は木で括る」技がありました。細い生木をねじってボヤを束ね括るのです。ボヤの枝の反発力で束は緩みません。わら縄は半年も持たずに腐りますが、ねじった細木はしっかりとボヤを束ねておけます。現地調達の合理的な技の数々があり、そのほんの一端ながら学べたことが私には今も宝です。

ボヤ(柴)のほかに、太い丸太も橇で運び、早春の雪の上で鉞(まさかり)で割って「にお」に積みました。

鉞の使い方も高学年になったころに自得したように思います。薪やボヤの「にお」の積み方も見て覚えました。両端二本ずつの柱木間に針金を渡してこの上に薪を積むと、薪自体の重みで支えの柱木が内側に締まり、「にお」が崩れないのです。こんな些細な知恵が、農のくらしには無数にあります。

囲炉裏にはさまざまな効用があります。火を焚くと家中が暖まります。炉の上に火棚があり、この上に濡れた長靴や雪かき道具などを乗せて乾かします。川魚の干物を作ったりもします。熾火（おきび）のそばの灰の中に硬い鬼胡桃（おにぐるみ）を埋めておくとパチンと爆（は）ぜます。割れ目に鉈を入れると子どもでも簡単に割れて実をほじくり出せるのです。渋柿を熾火に埋めればほかほかの甘柿になります。湾曲した脚付き金網があり、餅を焼き、焼き豆腐を作ったりもします。片隅に蓋つきの壺がありました。寝る前に赤い熾火をこの壺に入れておくと「消し炭」ができます。これを炬燵（こたつ）や火熨斗（ひのし）（アイロン）に使うのです。

秋遅く、子どもは通学時に一メートルほどの荒縄を携えていきました。帰りに道草ならぬ杉の枯葉拾いをして持ち帰るのです。杉の落ち葉が囲炉裏や竈の着火剤としてうってつけなのです。たくさん拾い集めて屋根裏の焚き物部屋に蓄えておきます。杉の葉拾いは子どもの役割で、教室の石炭ストーブにも使ったので、学校に持ち寄る全校イベントもありました。

大昔の話ではありません。私の年代にとっては、ほんのちょっと前の時代のことです。いわゆる里山の資源をとても上手に、かつ持続的に使いこなす知恵と技術と村人協同のしくみを持っていたのです。大人から子どもまで、うまく分担し合っていたし、山の動物とも巧みな距離を保っていたのです。現代のような獣害は考えられませんでした。

過去数十年来、国産の木材を使わずに大量の外材を輸入するようになって建材の利用が激減しました。農村部でも「焚き物」が石油とガスに置き換わって、燃料としての山の幸が忘れ去られました。そして何より、山の幸を効果的に使う文化が急激に廃れてしまったことが悔しい。日本の森林率は六八パーセントもあり、世界平均三〇パーセントの二倍を超えるのに、なぜこの宝を使えなくなったのでしょうか。

農学校の教員時代、家の新築時に薪ストーブを入れました。以来一〇年間は週末ごとに薪割に精出し、家中が暖まって幸せでした。五七歳で専業農家になったら週末がなくなり、薪割ができなくなって、その不条理に悶々(もんもん)としました。かつては家族農業だったから山の幸が使えたのです。一人農業ではそれは困難でした。

第8章　自然共生の農と食を未来人の手に

農の再生に向けて

これまで、日本の農と食の危機的状況、農にかかわる環境の諸問題について縷々述べてきました。その問題点をもう一度ここで確認し、その解決のためには何が必要かをあらためて整理してみます。

その一。日本の食料自給率が三八パーセントにまで落ち込み、諸外国からの輸入に頼らずには国民の食と健康を維持できない現状があります。もっといえば、国内の農業生産を支える肥料原料、家畜飼料、種子、燃油までもがその大部分を輸入に頼っており、正味の自給率はさらに低い。実質の自給率は九パーセントそこそこという試算があります。数十年先の見通しでは食料輸入は不安定化し、肥料原料、家畜飼料なども同様に輸入が困難になると予測されています。国民の食料安全保障が確実に重要度を増しているのです。

その二。食料自給を担うべき農家の数が激減し、急激に農業生産の減退を生み出しています。このままではごく近い将来において国産食料の供給が危機に瀕することになります。農家の減少は地域社会の維持を困難にし、里山や河川など自然環境の手入れも行き届かなくなることを意味します。農山村、すなわち上流域の環境維持が不適切になれば、下流域の都市にも悪影響が及びます。気候変動による暴風雨、水害や土砂災害などの激甚化にさらに拍車をかける危険も増します。上流域の過疎化、農家の高齢化と減少で草刈りが困難になって除草剤使用が増え、結果として土砂災害を大きくしているのがその一例です。農村地域の人手が減ることによる多面的な悪影響が、すでに現れています。

その三。気候危機、生物多様性の喪失、農地土壌の劣化、窒素とリンの環境汚染など、これまでの農林業が環境破壊に大きく関わってきたことが明らかになりました。世界的な事実であり、日本においても例外ではありません。対策として世界は急速に有機農業への転換を果たしつつあり、そのための投資に積極的ですが、わが国は大きく出遅れています。

その四。日本の方向転換が遅れたのは、そもそも国政上の農業施策が他の課題より下位に置かれてきたことが根本にあるのですが、有機農業の意義が長く認められることなく、農政上の後進性が大きな要因です。世界は有機農業から、さらにその先の環境再生型農業をめざし、傷んだ環境を修復できる農業へと進もうとしています。日本の出遅れを取り戻すべく発出された「みどりの食料システム戦略」の本旨を実現できるかどうかは、その必要条件をしっかり考えなくてはなりません。

その五。農家の激減を止め、V字形に農家数を増加、復活させるためには、農家育成のしくみを整え直す必要があります。農外からの就農志向者の過半が有機農業をめざす傾向にありますが、そうした人々を導いて就農を実現させるシステムが未整備です。農村現場の体力には限界があります。有機農家を育てる支援策、実践教育の再構築が重要課題であり、それを急ぐ必要があるにもかかわらず、教育と普及を担う指導的人材が足りません。有機農業の指導者育成が喫緊の課題です。

その六。以上の五課題は、長年のわが国農政のあり方が背景にあります。未来人の食を保障し適切な地域環境を維持するためには、農政の位置づけを抜本的に見直して農業予算を大きく拡充することが求められます。都市と地方の経済バランスを最適化すること、諸々の環境問題への緩和策、適応策も、農政の見直しが大きなカギになります。

新規就農者の現状に対して

新規就農者数の現状をもう一度確認してみましょう。農水省の数字に依(よ)れば、二〇二二年の「新規自営農業就農者」は三万一四〇〇人でした。しかし二〇年後も確実に営農を続けてくれると期待できる四九歳以下は、そのうち六五〇〇人（二一パーセント）にすぎません。その八年前の一万三二〇〇人から半減しています。二〇一五年から二〇二〇年の五年間で基幹的農業従事者が四〇万人減りました。年平均で八万人も離農しているのに、三万人そこそこの新規就農では現在の食料自給率さえ維持することはできません。

新規就農者の約八割を占める五〇代以上の人々も、相当の生産力を維持する役割を担ってくれています。五七歳で就農した私自身もその一人でした。日本の農業生産の大部分を、こうした老壮の人々に頼っているのが現状です。五〇代以上の就農者の多くは農家の後継者です。高齢になってリタイアする親に代わって営農を引き継ぐのですが、残念ながらその次の代はほとんど不在です。

農家数の激減は、今後さらに加速度的に進むでしょう。一方、新規就農者の確保は今まで以上に困難を伴うにちがいありません。日本全体で働き手不足に陥ることが明らかになっています。二〇年後の日本は、社会を支える現役世代が今の八割に減る「八がけ社会」になるのです。特にエッセンシャル・ワークの領域全体で働き手の奪い合いになるでしょう。低所得が代名詞のようになっている農の世界に人材を呼び込むことは、より困難になることが明らかです。何も対策しなければ、日本の農は壊滅に向かいます。

数年前にあったシンポジウムで、「みどり戦略」の概要報告をした農水省農業環境対策課の課長補佐のあと、次に登壇した私が批判的な意見を述べたことがあります。三〇年近く有機農業と新規就農者育成に携わった経験にもとづいて、農家育成に大きな投資と政策の見直しが必要だと主張しました。みどり戦略にその課題が盛られていなかったからです。課長補佐の胸に落ちたかどうかはわかりません。

二〇二三年末には、私を訪ねて「有機農家が作ったオーガニックの店」にやって来た関東農政局生産技術部長に、この機会にと、やや羽目を外して有機農家育成と指導者育成の必要性について声を大にして弁じました。部下をたくさん引き連れてきた部長さんは、じっと耳を傾けてくれました。

課長補佐や生産技術部長に訴えたところで国の政策がそうそう簡単に変わるとは思えませんが、実情を生身で知っている者として発言しないわけにはいきません。

未来人の食を安定的に確保し、持続できる未来社会を保障するためには、農の世界の人員を画期的に増やすことが絶対条件だと考えます。国は、最低限の食料安全保障策として、二〇二三年時点の農家数一一六万戸を二〇年後も維持するプランをつくるべきです。具体的には、急ぎ「新農家一〇〇万戸育成計画」をたち上げるよう提案します。私の計算では国費一兆円の投入が必要ですが、二〇二四年度農水省予算二・二六兆円にプラスしても三・二六兆円。一九八〇年の三・五八兆円に届かない額です。

新規農家育成に一兆円を投じようというこの提言は、私案にすぎません。国政の大転換を提言するなど「ばかげた試みか」と、自分の理性に揺らぎを覚えることもありましたが、いやこの主張は隠しておけません。提言すべきだ、と励ます自分もいるのです。未来人の命とくらしに関わる問題を放置できません。

新・農家一〇〇万戸育成計画

農は三つの顔を持っています。食料生産だけが農の顔ではありません。農産物生産が農業の表面だとしたら、その側面には農民とその家族（あるいは従業員）という主体者がいて、その主体者が担う農山村という地域（社会と環境）があります。

唐突ですが、一つ喩(たと)えを試みます。仏教に阿修羅という守護神がいます。阿修羅像は三つの顔を持ち、六本の手を備えています。本来の農とは、農産物生産を行いながら、家族と周辺の人々のくらしを支え、協同して地域社会を担い環境を守る、という三つの顔を持っていて、阿修羅が六本の手を持っているがごとく多機能な存在なのです。

戦闘を担う鬼神「阿修羅」は、農を喩えるのにふさわしくないといわれればそのとおりですが、三面六臂（さんめんろっぴ）の活動をするのが、そもそもの農だといいたいのです。その多面性は「百姓」という言葉にも表現されてきました。農産物生産のかたわら、地域内でくらしに関わるさまざまな職・技能を持って分業してきた多機能社会が農村でした。農民集団による「地域内自給の総合力が農」だった、といってもいいでしょう。

過去数十年の間に、農がその多機能性を徐々に放擲（ほうてき）し経済合理性だけを追求してきたことも、現代の地球環境問題につながる負の遺産だと私は考えます。したがって、環境への負荷を最小にし、さらに負ったダメージを修復できる農であるためには、三面六臂の働きができる農家が増えることが望ましい。そして、そういう農を支える公共であらねばなりません。農産物生産だけに照明を当てるような農の議論ではいけないのです。

幸いなことに、私がこれまで出会ってきた就農志向者の多くが、そうした多機能性に関心を寄せてくれる人々でした。生産だけに興味があるという人は、むしろ少数派でした。くらし、家族、田舎、資源、手作り、自然環境といったキーワードに感受性を持つ人々にこそ、未来への希望を託せると実感しました。そういう人々が希望を叶（かな）えてたくさん就農できるようになってほしいのです。

短絡的に昔に戻れといっているのではありません。本来の農が為してきた数々の価値あるもの、それに近づきたいと望みを持つ人々が確実に存在するのだから、そうした人々に農へのアプローチを期待し、接点をつくって導き、支援し、新たな担い手になってもらう仕組みを整えたいと思うのです。そうすべきだと思います。

わが国の農家数減少の経過を、もう一度確認してみましょう。農林業センサスによると、一九五〇年に一三五〇万人だったものが、一九七五年四九〇万人、二〇〇〇年二四〇万人、そして二〇二三年は一一六万人に減ってしまいました。一九五〇年対比で九一パーセント減です。ちなみに食料自給率は一九六〇年に七九パーセントだったものが二〇二三年は三八パーセントと半減しています。

農家数を統計では人数で表していますが、実態は農家戸数の減少です。農家が離農して、農水省のいう「基幹的農業従事者」から離脱したことを表しています。農水省は、二〇四〇年代には基幹的農業従事者が三〇万人（戸）にまで減ると予測しています。減少率を単純に食料自給率に当てはめれば、自給率九・五パーセントです。まさかそこまで自給率が下がるとは思えないし想像したくありませんが、劇的な挽回策を取らなければ国民は二〇年後、国産食料をほとんど食べられなくなるのです。

農家減少を座視してはいられません。二〇年後、三〇万戸に減るとすれば、現状を維持するには新たに一〇〇万戸の新規就農が必要になります。合わせて一三〇万戸ですが、これでは食料自給率の向上までは望めません。国産食料を今以上に増産し供給するためには、さらなる農家数の増加が必要なのです。期すべきは二〇〇万戸、三〇〇万戸の農家育成であり、それは二〇五〇年、二〇六〇年を見すえた長期計画となるでしょう。

私は二〇一一年に元職の農業専門学校を退職し、就農者育成の研修農場を運営してきました。自ら農民となり、実践的な研修農場をＮＰＯ運営として研修生を受け入れ、その成果として一二年間に二〇名の就農者を育てました。我ながらよくぞ二〇名を送り出せたと思います。多くの支援者に恵まれたからできたことですが、冷静に客観的にその成果を振り返れば「たった二〇名」でしかありません。一二年を二〇年に換算しても、育成農家数はわずか三三戸です。

個人農家が後進を育てる力はこの程度なのです。それが農家育成の実態であり、限界です。ことほどさように自営農家を育成する仕事は、実に容易なことではありません。今後二〇年で新たに一〇〇万戸の農家を育成しようとすると、私のような活動ができる指導者が三万人以上必要になります。現状からすると、残念ながらまったく非現実的です。自覚的に後進を育てようとする農家、指導力、体力のある農家は減少の一途です。後進育成の環境は厳しさを増すばかりなのですから、一〇〇万戸農家育成には、国の姿勢を大転換させるほどの計画が必要です。その計画を実現するためには何が必要か、何を変えなければならないか。

研修五道、有徳人たちの力

農家が減るのは、高齢農家に家業後継者がなくて離農が増えるからです。農家の後継ぎが他産業に就職すれば、農家はいずれ田畑を耕作できなくなります。周辺の若手農家や農業法人、集落営農組合などに農地を預けて耕作してもらうことになるのですが、預かる側の農家の経営面積にも、活動的な農家数にも限界があります。山間で道路事情が悪い、日当たりが悪い、急傾斜地や排水不良地、住宅地に囲まれた狭い田畑等々、不便で使いにくい農地はどんどん見捨てられていきます。

過去六〇年間で一七六万ヘクタールの農地が放棄されました。茨城県面積の約三倍です。そんな農の後退状況を押しとどめ、農家数を維持しようとする取り組みは以前からあります。農家生まれでない人に農家になってもらう「新規参入就農者を育てる」政策で、転職して農家になろうとする人を金銭的に支援する制度もあります。この制度を使って農家育成活動をしている人々、研修業務に携わる人々は確かにいます。

農家になるには、大きく三つの課題をクリアしなければなりません。農産物生産の技術を学ぶこと、農地を確保すること、起業資金を準備することの三つです。入口の技術習得が最初で最大の課題になります。「どこで誰から教わるか」です。農地確保の課題も、事例の多くはその「どこで誰から」によって道が開けるのです。

新たな農家育成の最大のカギは、技術と経営を指導し支援する人とその学びの場所（研修場所）がどれだけたくさん存在するかであり、その指導と支援の質が問われます。三番目の資金については、就農準備資金という助成金や無利子の融資制度、市町村の独自助成などがありますが、支給支援を得るには就農後の営農が安定するかどうか厳しく審査されます。研修の実効性が問われるのです。

「どこで誰から」には、いくつかの道筋があります。主な道筋は五つ。

①指導力のある専業農家が研修生を受け入れて技術を教え、近隣に農地を見つけて就農まで支援する。

②地域の農家集団による協議会や農協が研修機関となって研修生を受け入れ、就農まで導く。

③農業法人がスタッフとして雇用し、独立したい人にのれん分けして就農させる。

④道府県農業大学校（農林大学校、農業アカデミー）が働きながら学べる研修コースを運営して支援する。

⑤民間の農学校が社会人向けの講座を開設して実践的な指導を行う。

五つの農家育成機能にはそれぞれ固有の特徴があり、その効果にも差異があります。少ない投資で着実に農家を育てている事例がある一方で、大きな投資にもかかわらず就農者育成率が期待値を大きく下回る事例もあります。結局、いくつもの農家育成のしくみがあるにもかかわらず、農家は減る一方なのです。その問題の源がどこにあるのか、何が課題なのか。

技術と経営を教えて就農に導く指導者のあり方にも、二つの例があります。一つは行政と連携し、国や都道府県の支援制度を使って手厚く就農者を育てる「認定研修機関」のあり方。もう一つは、制度に頼ることなく個人的に就農者を育てる例です。研修機関の認定を受ける条件を満たせないとか、その手続きが煩わしいとして、まったくの個人意志と手弁当で農家育成に尽力する人たちです。

茨城県の例を紹介しましょう。茨城県には、認定研修機関が八団体あります（二〇二三年現在）。

うち三つが農学校で、県立農業大学校と民間の二専門学校です。他の五団体は、茨城県農林振興公社、一市、二農協、私も関わる一有機農家協議会です。このうち有機農業者育成を行っているのは、一専門学校と一市、一農協、一農家協議会の四団体です。個人農家にも認定研修機関の道は開かれていますが、その条件を備えることはきわめて難しいので実現していません。

茨城県の就農者育成率はどうでしょうか。三つの農学校は、広く多くの人を対象に農業研修を施すことができますが、着実な就農者育成となるとその数は多くありません。投資に見合った農家育成にはつながっていないのです。いわば農業を知る入門学習の場としての役割であり、農地確保や営農開始までの個別具体的なお世話ができずに終わってしまっています。私の専門学校時代がそうでした。

県農林振興公社は、指導力ある農家に研修を委託して就農者育成を行っており、実質は個別農家の意志と力量に頼っています。一農協もその方式です。研修機関として自ら実践的に就農者育成を行っているのは一市一農協一協議会の三つの農家集団で、いずれも有機農家育成を行っています。

学校以外の五団体は、つまるところ徳のある農家の努力で就農者育成がなされているのです。後進を育てようという強固な意志を持つ農家の存在なしには、着実な就農者育成ができないという事実です。身も蓋もない言い方を許してもらえば「農家でないと農家を育てられない」現実があるのです。

研修機関として公の認定を受けずに農家育成を担っている個人農家、農業法人が別にあります。

農家や法人経営者の徳に依らずには、負担の大きい研修生のお世話ができるものではありません。見聞きするたびに頭が下がる思いです。

茨城県の八団体は、他県に比べて多いのか少ないのかわかりませんが、各団体とも農家育成はせいぜい年に一～二戸でしかありません。撤退農家数の穴埋めにはほど遠いのです。八団体が総力を挙げて農家育成に尽力しているといっても、内実は有徳人たちの力あってのこと。人を育てられるのは人でしかありません。この真実を、いかに一〇〇万農家育成につなげるか。人への意味のある投資計画が要になります。

一兆円以上の農家育成予算を

国民を飢えさせないこと、栄養豊かで満足できる食事を保障することは国政のもっとも大事な責任であるはずです。二〇～三〇年後に食料不足に陥るかもしれないと、二〇二四年、農水省は農家にイモなどを罰則付きで強制的に植え付けさせる法案を国会に提出しました。食料供給困難事態対策法といいます。

次ページの図表13は農水省がつくったものを元にしています。食料輸入、家畜飼料輸入が滞った場合を想定し、イモ類中心の食生活が例示されました。こんなくらしを国民に強いる農政でよいのでしょうか。こんな想定をする前にやることがあるはずです。

図表13　食料・飼料の輸入が滞った場合の農水省が考える食生活

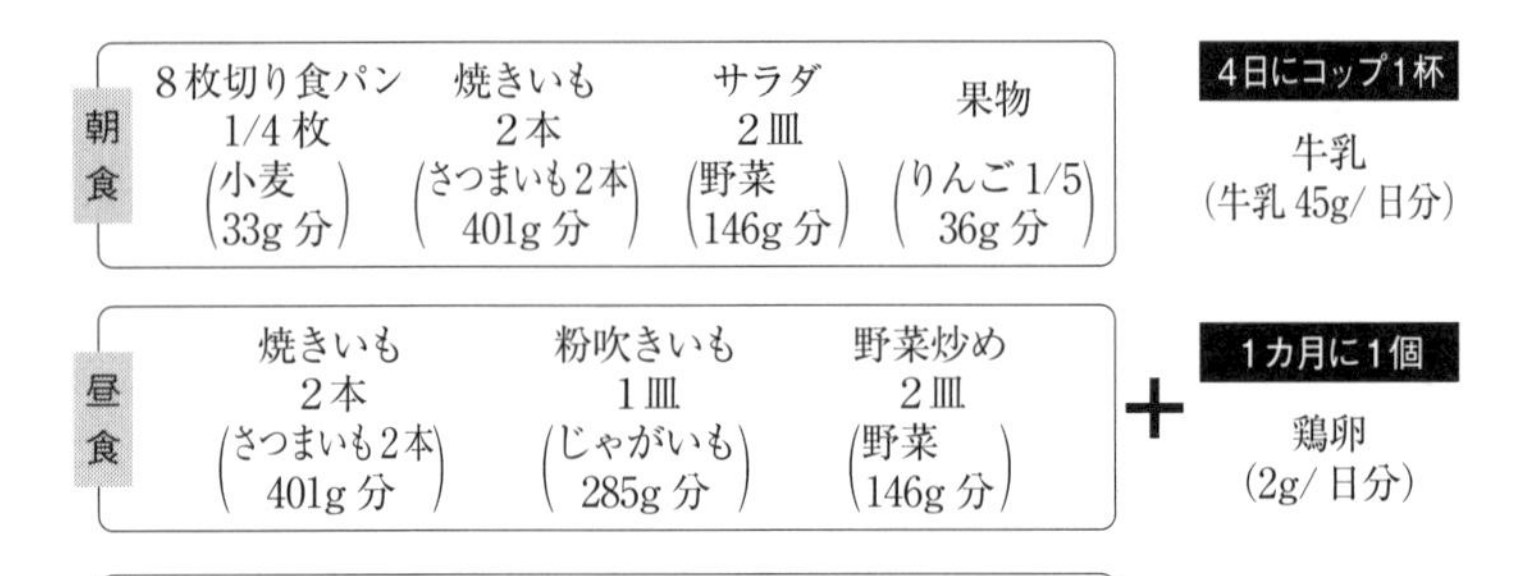

出所：農水省資料から作成

新・農家一〇〇万戸育成計画を具体化すべきと考えます。二〇年間で一〇〇万戸育成といっても就農者が若い人だけとは限りません。五〇代・六〇代の人が新規就農する例も想定しなければなりません。そうすると二〇年経つうちにはリタイアする農家もあるでしょう。そういう予測も入れて一二〇万戸育成に取り組むのです。以下は、私の私案ですが、経験的に見てこれくらいのことをしないと農家は育たないというリアリティを重視しています。

「二〇年・一二〇万戸」は、「一年に六万戸」育成になります。研修生を受け入れて指導する農家一戸あたり年に一・五人育成を目標とすると、指導農家が四万戸必要になります。経験からすると個人農家に一・五人育成目標はかなりきつい。個人の努力だけでは不可能です。農家集団の相互協力が大前提であり、行政の支えが必須です。

研修生受入れは、農作業の助けになる面がないとはいいませんが、実際は負担の方がずっと大きい。とても「めんどう」なのです。気持ちの負担が大きくて、よほど公共心というか奉仕の心、強靭な意志を持たないとできません。研修生を指導し就農までのお世話を確実にするためには、公共の支えが前提です。まずは指導農家への所得補償と、加えて厚い指導手当が必要です。

指導農家への手当として、研修生一人当たり一〇〇万円の予算化が第一歩になります。年六万人ですから六〇〇億円です。農家が研修生を引き受けようかと考える「動機づけ」としては最低ラインです。もっと大きな額が必要かもしれません。

就農への意欲醸成をねらい、研修生には就農準備資金（現行一五〇万円／年）を二〇〇万円に増額して支給します。五年間（研修中二年、営農開始後三年）支給（六万人×五）で年六〇〇〇億円になります。指導農家と研修生（就農者）への投資は合わせて六六〇〇億円になります。

農家と研修生に金を出すだけでは農家育成はできません。次の課題は行政、農学校、農家の連携システム構築、そして指導支援力の整備です。この課題には三四〇〇（～五〇〇〇）億円を投入しましょう。研修生と指導農家への当面の対策と合わせこれが一兆円です。国民を飢えさせないための経費「第一歩」です。

指導農家を支える地域連携

指導農家一戸だけで新人農家を育てることは容易ではありません。それを物心両面で支えられるものがあるとすれば、その第一は周囲の同志農家の存在です。少なくても三戸、可能なら五戸くらいの研修生受入れ農家組合が望ましい。前項で四万戸の指導農家が必要だと書きました。仮に五戸単位の指導農家組合を想定すれば、全国で二〇万戸の農家が新人農家育成に関わるしくみがほしい。研修生一人当たり一〇〇万円の予算は、したがって指導農家組合が支給対象になるでしょう。

現在の認定研修機関は、研修生を受入れようとする団体や農家集団による「申請」方式です。認定する行政側は、現場の自主的行動を「待つ」姿勢であり、行政として主体的に農家育成の行動を起こしません。いわば農家側の奉仕活動に「認可を与える」制度設計になっています。こんなしくみでは農家育成は先細るだけです。農村現場が衰退の一途なのですから。

提案したい農家育成計画は、向きを逆にして、行政側から農村現場に「指導農家組合をつくってください。必要な支援を整えますから」と要請するしくみにしなくてはなりません。指導農家集団に「未来人のくらしを保障するために、後進農家を育てる活動にどうか協力してください」とお願いする政策化です。

指導農家組合を全国各地に四万組整えるのは、相当に大掛かりな作業になるでしょう。農家の理

図表14　新・農家100万戸育成、20年計画

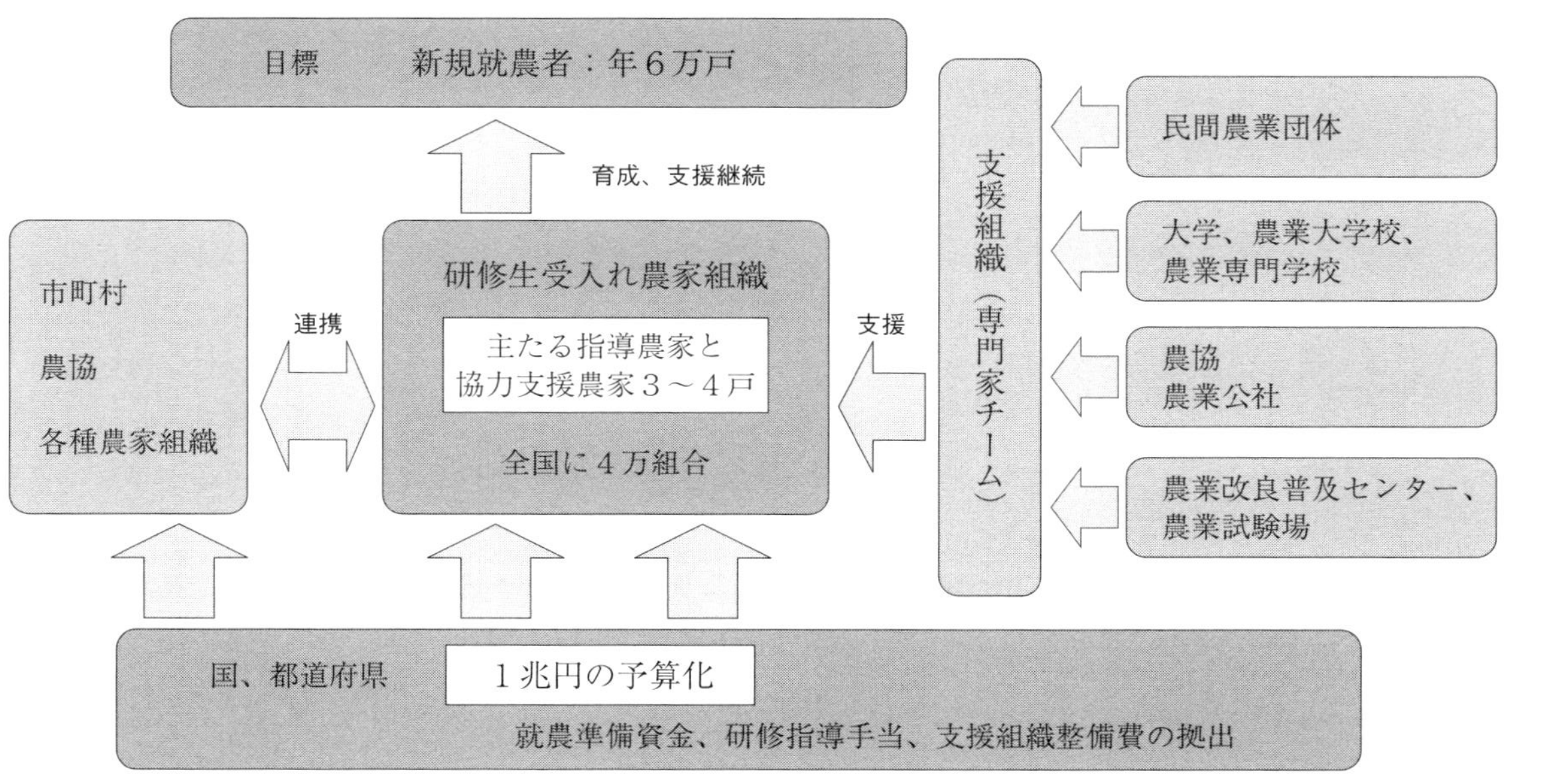

解と協力を得るための説得と支援のありかたに、多大な議論を必要とするでしょうが、これまでの行政側の待ちの姿勢から、「農の再生のために必要だから」という積極的な姿勢に転換すれば、きっと現場は応えてくれるにちがいありません。衰退を最も悲しんでいるのは農家自身だからです。

さて、これまで自家の農家経営だけに専念してきた人たちに、農業初心者にあれこれ教えてやってくださいと要請したら、きっと戸惑うでしょう。意欲だけでは研修生のお世話はできません。研修生に教えること、新人農家を育てることの意義や方法を学び、研修生対応の不安を解消してもらわなくてはいけません。必要なのは、指導の専門家が農家集団にピタリと寄り添うことです。

農家集団を支える機能として、生産技術、教育方法、経営マネジメント、カウンセリングなどの専門家チームを整えなくてはなりません。都道府県の農業改良普及指導員と研究員、農協の営農指導部門、大学や農業大学校教員などを総動員した「指導農家支援組織」を、全都道府県に整備する必要があります。

指導支援力の整備費三四〇〇(~五〇〇〇)億円は、指導農家組合のシステム化、指導農家支援組織の整備とその運営費に充てられることになりますが、そこにもう一つ課題があります。実践力ある指導者の育成です。

新農家一〇〇万戸育成計画の概要を前ページの図表14に示しました。予算一兆円はとても大きな額ですが、未来人のためには必要な投資です。

四万の指導農家組合を組織することと同時に進めなければならないのが、全国津々浦々に支援組織を配置することです。都道府県単位では網目が荒すぎてあまり役立たないように思います。各県一〇か所くらいの普及センター単位が望ましい。全国に五〇〇くらいの支援拠点がないと目標を達成できないでしょう。

その支援組織の要が、研修生に伝授すべき適正技術をコーディネートできる技術指導者の存在です。二〇～三〇年先を予見して、これからの新農家にどのような技術を伝授すればよいか。新農家自身の力で新たな技術展開を期待するには、技術指導のあり方、その考え方を時宜適切に助言できる指導者が必要なのです。

予測される未来は営農にとってそうそう楽観できるものではありません。環境の悪化と対峙しながら進めなければならないのです。手ごわい自然をなだめながら進めるべき農の技術とはどのようなものか。指導者には、そこを要点にして農家の求めに応じられる力量が必要になります。

実践力ある技術コーディネーターが必要

技術指導者、コーディネーターとして農家の期待に応えられるかどうか。そのポイントは、指導者自らが「栽培できる」「飼育できる」実践力を持っているかどうかです。頭だけ、言葉だけの指導者の言には農家は従いません。言葉だけの指導者には、必要な情報を得、必要な制度的支援を得るための窓口としてしかアクセスしないでしょう。そういう存在は指導者とは言い難い。

新農家一〇〇万戸育成を実現させ得る指導者を、新たに育てなくてはなりません。方法はあります。指導者候補を一～二年間、現場あるいは研修機関に派遣して力を磨かせるのです。新人農家育成と同じプロセスで実践力を付けてもらうことが肝心なのです。その経験なしには、未来の農家育成の真の力にはなれないでしょう。自ら農産物生産の経験を経た者でなければ、指導農家の期待には応えられないだろうと切実にそう思います。

この「生産実技を持った指導者」こそが現場の期待を集められること、「指導者になるためには実践研修が必要」であることは、ずっとその道を歩んできた私は胸を張って主張できます。

現状の農の世界には、残念ながら実践力ある普及指導員、営農指導員がきわめて少ない。この現状が日本の農を衰退させた要因の一つだと思うのです。未来人の食を確保するためにとても大事な改革ポイントなのです。

全国の農業大学校に有機コースを

新農家一〇〇万戸育成（一二〇万戸育成に取り組んで定着一〇〇万戸）計画のうち、三〇万戸は有機農家を想定します。一二〇万戸育成活動の四分の一です。指導農家一万組合（四万～五万戸）を有機農家育成にあてたいところですが、現状では有機農家自体がそんなに存在しません。経験豊かな有機農家は数千戸くらいでしょう。有機農家だけで新有機農家育成ができる状況にはないのです。

全国の大学農学部、四二の道府県農業大学校で有機農業技術を実践的に学べる専攻課程があるのは、二〇二四年現在で島根県と埼玉県、そして群馬県たった三校です。通年で関係科目を学び、実習圃場で実践的に有機農業を学べる全国的な「有機農業教育ネットワーク」を、とにかく急いで整備する必要があります。有機農業に限って言えば、農家でしか実践的に学べない状況を早く打開しなくてはなりません。

全農業大学校に、実践的に学べる有機農業コースを設置することが喫緊の課題です。一～二年制の実践的な教育課程であってほしい。例えば埼玉県の有機専攻は、一年制で二〇～六〇代の多様な入学動機を持つ学生が在籍し、多彩な講師陣から講義を受けながら七〇アールの専用実習圃場で実技を習得します。

二〇一五年の開講当初から指導力のある若手有機農家を招いて実習指導の一部を委託していました。専任講師は、この有機農家と実習農場の管理作業に同行して有機栽培技術を体得し、同時に指導力を身に付けてきました。こういう場があってこそ、有機農業指導のスペシャリストが育つのです。有機農業の一般教育と指導者養成のモデルになると思います。

島根県は二年制の有機コースを二〇一二年に開講しましたが、入学者は二〇歳前後の若い学生が中心です。卒業生はすぐに独立就農が難しいので、その多くはいったん有機農業法人などに就職します。このコースとは別に週末などに限定する社会人向け有機就農者養成講座もあります。このスタイルも一つのモデルになるでしょう。

他の農大校で週末などに社会人向け有機講座を持つところはありますが、正規の有機学科を持たないので専任講師がいないし有機の実習圃場（ほじょう）がありません。これではいつまでたっても指導者が育ちません。実践力ある指導者が育たなければ、週末の有機講座も成果は上がらず、有機農家育成はままならないでしょう。

農水省は、全国の農業大学校に「有機コース設置」を促すべきです。コース設置のための資金投入が必要なのは言うまでもありません。大学農学部は直の就農者養成が難しいでしょうから、農業大学校の有機農業教育を支える科学的、および人的協力にあたってほしい。

民間の農学校に有機指導者養成所を

道府県農業大学校と教育目標を共有する民間の農学校が全国に五校あります。東京にあるのはAFJ日本農業経営大学校ですが、実習教育を行っていません。もう一つ岡山県にあるのは中国四国酪農大学校です。

他の三校は長野県と茨城県にあります。それぞれ広大な実習農場を持っており、長い歴史と固有の教育理念を持つ有為な農学校でしたが、三校とも廃校寸前の厳しい現実にさらされています。道府県農業大学校と学生募集で競合の末、入学者が激減して経営がままならないのです。そもそも道府県立校とは学生負担金に倍以上の開きがあり、私立校が断然不利でした。

かつては農業者養成教育の要と位置付けられ、農水省を通じて適正な補助金があって教員陣容もなんとか保てていました。ところが十数年前、三校とも補助金支給を完全に断たれ、必要な教育資源を維持できなくなったのです。

この貴重な教育の場を蘇らせ、再活用してはどうか。三校に「有機農業スペシャリスト養成所」を設置するのです。一年制の実践的な宿泊研修を行う施設にします。全都道府県から所属の農業改良普及指導員一〜二名を選抜してこの養成所に派遣するのです。三校には宿舎（学生寮）があり、広大な実習農場があるのですぐに機能します。西日本に養成所が必要な場合は、島根県農林大学校に協力を仰ぐ手もあります。

ポイントは、その教育指導に誰があたるかです。有機農業指導できるスペシャリストが現状はほとんどいないので、当面の五〜六年は優秀な有機農家に委託して実技指導してもらうしかありません。いずれ有機指導者が育ってくれれば、専任の指導教員を置けるようになるでしょう。講義は有機農業学会に協力を仰ぎ、全国から大学教員や研究者を講師に迎えれば整うでしょう。

研修者は普及指導員に限定する必要はありません。全国の農協にも近々に有機スペシャリストが必要になります。農協からの派遣を受け入れ、また、農業法人等の民間団体からの派遣も想定できます。

設置資金は、前述の三四〇〇億円のうちから拠出します。三農学校の教育環境を整備し直すこと、当面の指導を委託する有機農家の人件費や講師料等を準備すること、都道府県や農協への研修者派遣費用補助にあてるなどです。数十億円規模でできるのではないでしょうか。有機農業スペシャリスト養成は、「みどり戦略」にある「二〇五〇年までに二五パーセント、一〇〇万ヘクタール化」のためには必須の事業です。

この養成所は、有機農業の理念と技術をしっかりと体得することを教育目標にします。安易に「もうかる農業」を旗印にするような指導者養成ではなく、「地域と地球の環境を守り、豊かな食と健康をあまねく国民に保障する」農の根本理念を学ぶ場所にしなくてはなりません。とかく忘れがちな教育の理想を見失わないことが肝要です。

私はかつて、三農学校の一つ鯉淵学園農業栄養専門学校の教員でした。民間農学校の柔軟な教育実践力、「行学一致」とか「師弟同行」などの教育の考え方が、指導的農家の元で行う研修にとても近似の教育力を持っていると知っています。活用しない手はありません。

日本農業実践学園　https://nnjg.ac.jp
八ヶ岳中央農業実践大学校　http://www.yatsunou.jp/
鯉淵学園農業栄養専門学校　http://www.koibuchi.ac.jp/

NPO農業のすすめ

有機農家を育てる研修農場をNPO法人として運営した経験は貴重でした。一二年間で二十余組の新農家を送り出すことができたのは、多くの人の参加と支援があったからです。個人活動ではとても無理でした。新農家育成もさることながら、その過程で数千名に及ぶ人々がこのNPO農場を利用してくれたこともとても大きな成果でした。

農産物生産を担うのは、今後も個人農家や法人経営が主力であり続けるでしょう。しかし、そうではない農の形があってもいいいんじゃないか。現に福祉施設が運営する農場、幼稚園や保育園付属の農園、市民参加の体験農園、農家の水田や果樹園で行う「オーナー制」など、すでに多彩な取り組みがあります。

広範な市民が参加しやすい農のあり方として、NPO農業を提案したい。一〇〇万戸の新農家育成をなんとしても実現させないといけませんが、そうした新規就農者にもいずれ継承者が必要になります。結局、家族以外に継承できる営農のモデルが必要になるのです。NPO農園を提案するのは、スタッフ間の継承によって農業経営の連続性を担保できるのではないかと考えるからです。

NPO農園の第一の目標は「スタッフの所得確保」です。第二が農の「持続性」。そして第三の意味づけが「公共性」です。農はもともと儲けるだけの仕事ではありません。地域社会の維持、防災、道路や河川などのインフラ管理、自然環境の手入れなど、農家は手間賃を期待できない公共的な仕事のなんと多くを担ってきたことか。こうした農本来の機能を思えば、ＮＰＯ運営はとても理にかなっていると思うのですが、いかがでしょう。

中山間地域の離農が著しい。農林水産業の衰退がその根源です。過疎化に拍車がかかり、いずれ自治体の消滅につながるだろうと悲観されています。そうした過疎地の農を維持する方策として、ＮＰＯ運営が役立たないでしょうか。高齢化した地域住民が、短時間、軽労働でも個別の条件に合わせて参画できる集団農の営みとして構想してみてはどうでしょう。

周辺小都市の市民などを巻き込んで参加と支援の輪を広げ、子どもぐるみでの体験の場にすることで、山村や海浜の里を守り、自然環境の手入れにも関わる。未来人の食と環境を保障する大事な手立ての一つとして、こうした市民参加型の農の開発をみなで考えてみたいものです。

日本中にＮＰＯ農業を普及させてもいいのではないか、ずっと前からそんなふうに思っていました。

涌井義郎（わくい　よしろう）
1954 年新潟県生まれ。農民。笠間・城里地域有機農業推進協議会事務局。鯉淵学園農業栄養専門学校教員、JICA や農水省の委託研修講師などを歴任。著書に『不耕起栽培のすすめ』（2015 年、家の光協会）、『有機農業をはじめよう！』（共著、2019 年、コモンズ）など。

未来の食と環境を守れ――有機農家からの提案

2024 年 6 月 30 日　初　版

著　者　涌　井　義　郎
発 行 者　角　田　真　己

郵便番号　151-0051　東京都渋谷区千駄ヶ谷 4-25-6
発行所　株式会社　新日本出版社
電話　03（3423）8402（営業）
03（3423）9323（編集）
info@shinnihon-net.co.jp
www.shinnihon-net.co.jp
振替番号　00130-0-13681

印刷　亨有堂印刷所　　製本　小泉製本

落丁・乱丁がありましたらおとりかえいたします。

ISBN978-4-406-06804-8 C0061　　Printed in Japan